Histologische Tumorklassifikation

Histopathologische Nomenklatur
und Klassifikation der Tumoren
und tumorartigen Veränderungen

Konsensusbericht der
Österreichischen Gesellschaft für Pathologie

Herausgegeben von der
Österreichischen Gesellschaft für Pathologie

Zweite, neubearbeitete Auflage

Redaktionskomitee:
J. H. Holzner, W. Feigl, M. Klimpfinger, W. Leibl, R. Ullrich, G. Mikuz

Springer-Verlag Wien New York

Bearbeitet von:

F. Asboth, A. Beham, F. Beer, G. Böhm, G. Breitenecker, H. Budka, A. Chott,
H. Denk, O. Dietze, H. P. Dinges, M. Drlicek, Ch. Faschinger, H. Feichtinger,
W. Feigl, I. Fellinger-Augustin, H. Hanak, H. Höfler, H. Hönigsmann,
F. Hofstädter, J. H. Holzner, R. Kain, H. Kerl, R. Kleinert, M. Klimpfinger,
S. Lax, W. Leibl, G. Mikuz, N. Neuhold, W. Öhlinger, H. H. Popper,
Th. Radaszkiewicz, M. Ratschek, A. Reiner, M. Salzer-Kuntschik, E. Schmalzer,
Ch. Schmid, K. W. Schmid, M. Susani, G. Syre, R. Ullrich, W. Ulrich,
R. A. Weger, Ch. Wüstinger, St. Wuketich

Finanziert von der Österreichischen Krebshilfe – Krebsgesellschaft,
Theresiengasse 46, A-1180 Wien

Satz: Zehetner Ges.m.b.H., A-2105 Oberrohrbach bei Korneuburg
Druck: A. Holzhausens Nfg., A-1070 Wien
Gedruckt auf säurefreiem, chlorfrei gebleichtem Papier – TCF

Die Deutsche Bibliothek – CIP-Einheitsaufnahme

Histologische Tumorklassifikation : Histopathologische
Nomenklatur und Klassifikation der Tumoren und tumorartigen
Veränderungen ; Konsensusbericht der Österreichischen
Gesellschaft für Pathologie / hrsg. von der Österreichischen
Gesellschaft für Pathologie. Red.-Komitee: J. H. Holzner … Bearb.
von: F. Asboth … – 2., neubearb. Aufl. – Wien ; New York :
Springer, 1994
   ISBN 3-211-82537-1 (Wien) kart.
   ISBN 0-387-82537-1 (New York) kart.
NE: Asboth, Friederike [Bearb.]; Österreichische Gesellschaft für
   Pathologie

ISBN 3-211-82537-1 Springer-Verlag Wien New York
ISBN 0-387-82537-1 Springer-Verlag New York Wien
ISBN 3-211-81814-6 1. Aufl. Springer-Verlag Wien New York
ISBN 0-387-81814-6 1. 1st ed. Springer-Verlag New York Wien

Vorwort

Die ständige Erweiterung unserer Kenntnisse über die Natur neoplastischer Erkrankungen durch die sich laufend weiter entwickelte Methodik, insbesondere der Immunhistochemie hat eine völlige Neubearbeitung der „Histologischen Tumorklassifikation" erforderlich gemacht. Ziel auch dieser zweiten Auflage war es Voraussetzung für optimale Verständigungsmöglichkeiten zwischen Pathologen untereinander und mit klinischen Onkologen zu gewährleisten. Die seit der ersten Auflage erschienenen Neuauflagen der „Blauen Bücher" der WHO wurden ebenso eingearbeitet wie eine Reihe anderer Standardpublikationen der letzten Jahre. Damit wurde versucht eine dem letzten Stand entsprechende für die tägliche Praxis gedachte Grundlage für eine einheitliche Nomenklatur und Klassifikation zu schaffen, wobei auch individuelle persönliche Erfahrungen mit eingeflossen sind.

Neu ist die Beifügung der Codes des SNOMED-Codierungssystems zu den einzelnen Begriffen. Dieses System hat sich nach vielen Umfragen als das brauchbarste erwiesen. Es hat in alle Pathologie-Dokumentierungsprogramme in Österreich Eingang gefunden. Die „Erläuterungen" wurden soweit es erforderlich schien erweitert bzw. mit dem Ziel einer besseren Verständlichkeit redigiert. In die einzelnen Kapitel wurde die Kurzform der von der UICC herausgegebenen Stadieneinteilung aufgenommen, wofür dem Springer-Verlag Berlin/Heidelberg für die spontan erteilte Genehmigung an dieser Stelle gedankt sei. Einzelne Abschnitte wurden mit speziellen Zusatzkommentaren, wie zum Grading, zur Beurteilung spezieller Methoden wie z. B. den Hormonrezeptoren u. a. ergänzt.

Auch diese zweite Auflage ist wieder das Resultat einer Gemeinschaftsarbeit der Österreichischen Gesellschaft für Pathologie, wobei den Herren Prof. Dr. Walter Feigl für die Organisation und Vorbereitung der vielen erforderlichen Redaktionssitzungen und Dr. Robert Ullrich für die laufende Überwachung der Schreibarbeiten und die Fertigstellung der Redaktionsunterlagen besonderer Dank gebührt. Die Niederschriften mit den vielen erforderlichen Korrekturen wurden in vorbildlicher Weise von Frau Maria Mantler und Frau Erna Forster durchgeführt.

Die Österreichische Gesellschaft für Pathologie dankt den Autoren, dem engeren Redaktionskomitee (W. Feigl, W. Leibl, M. Klimpfinger, G. Mikuz, R. Ullrich) für die oft zeitraubende Arbeit, sowie den Fonds „Kampf dem Krebs" und der Östereichischen Krebshilfe für die großzügige Bereitstellung der finanziellen Mittel zur Realisierung der Neubearbeitung. Die Zusammenarbeit mit dem Verlag war wie gewohnt vorbildlich.

Wien, im September 1994   J. H. Holzner

Inhaltsverzeichnis

Hinweise zum Gebrauch der Tumornomenklatur

Die Nomenklatur basiert auf den sog. „Blauen Büchern" der WHO (International Histological Classification of Tumours"). Für die Codierung wurde das SNOMED-System verwendet, das als einziges keine Einschränkungen bezüglich notwendiger Erweiterungen und Adaptierungen an den jeweiligen Wissensstand gewährleistet, in verschiedenen Genauigkeitsstufen verwendet werden kann und in alle anderen gängigen Systeme (z. B. ICD) übersetzbar ist. Es erfüllt ferner alle Voraussetzungen einer wissenschaftlichen und klinisch-praktischen Auswertbarkeit.

Für das Grading der Adenokarzinome wurde allgemein eine Methode vorgeschlagen, die sowohl gewebliche Merkmale wie Gewebsarchitektur und organoiden Aufbau, als auch zelluläre Charakteristika wie Kernveränderungen und Mitosen berücksichtigt.

Der Begriff der „Intraepithelialen Neoplasie" wurde nach den Vorschlägen der Expertengruppen weitgehend übernommen. Bei der Dignitätsbeurteilung ist zu berücksichtigen, daß in dieser Gruppe neben dem „Carcinoma in situ" (Grad 3) auch Dysplasien leichten und mittelschweren Grades (Grad 1 und 2) enthalten sind, also Überschneidungen im Grenzbereich gutartig/bösartig bestehen.

Das Staging der Tumoren soll generell nach dem UICC-System durchgeführt werden. Dank des Entgegenkommens des Springer-Verlages konnten die Kurzfassungen aus der letzten Auflage der UICC-Publikation unverändert übernommen werden.

Bei einzelnen Tumorgruppen sind außerdem spezielle, heute routinemäßig verwendet, Methoden der Beurteilung einbezogen, wie z. B. die Bewertung der immunhistochemischen Hormonrezeptorbestimmung bei Mammatumoren.

Literatur

UICC: TNM-Atlas. Illustrierter Leitfaden zur TNM/pTNM-Klassifikation maligner Tumoren. 3. Auflage. Berlin, Heidelberg, New York, London, Paris, Tokyo, Hongkong: Springer, 1993.
WHO: International Histological Classification of Tumours, 1–25. Geneva: World Health Organization.

1. Tumoren des Respirationstrakts einschließlich Ohr

1.1 Tumoren des äußeren Ohres

H. H. Popper, G. Mikuz, M. Drlicek und *St. Wuketich*

I. Epithelial

A. Benign
1. Plattenepithelpapillom   M 80520
2. Zeruminales Adenom   M 84200
3. Andere

B. Malign
1. Plattenepithelkarzinom   M 80703
2. Basaliom   M 80903
3. Adenoid-zystisches Karzinom   M 82003
4. Zeruminales Adenokarzinom   M 84203
5. Andere

II. Mesenchymal (siehe Tumoren der Weichgewebe)

III. Melanozytisch (siehe Tumoren der Haut)

IV. Tumoren des Knochens und Knorpels (siehe dort)

V. Tumoren der peripheren Nerven (siehe dort)

VI. Verschiedene

VII. Metastatisch   M ___6

VIII. Unklassifiziert   M 8000_

IX. Tumorartig

1. Obturierende Keratose   M 72960

2.	Ohrpolyp T XY200	M 76820
3.	Chondrodermatitis nodularis chronica helicis	M 43750
4.	Andere	

Topographie – Codierung

snomed	*Lokalisation*
T XY000	Ohr
T XY100	äußeres Ohr
T XY200	äußerer Gehörgang

Literatur

1. Shanmugaratnam, K., Sobin, L. H.: Histological typing of upper respiratory tract tumours. (International histological classification of tumours, No. 19.) Geneva: World Health Organization. 1978.

1.2 Tumoren des Mittel- und Innenohres

H. H. Popper, G. Mikuz, M. Drlicek und *St. Wuketich*

I. Epithelial

A. Benign
 1. Adenome   M 81400
 2. Andere
B. Malign
 1. Plattenepithelkarzinom   M 80703
 2. Adenokarzinom*   M 84403
  a. Papillär   M 82603
  b. Azinär   M 85503
  c. Tubulär   M 82113
 3. Papilläres Zystadenokarzinom   M 84503
 4. Adenoid-zystisches Karzinom   M 82003
 5. Andere

II. Mesenchymal (siehe Tumoren der Weichgewebe)

III. Tumoren des Knochens und Knorpels (siehe dort)

IV. Tumoren der peripheren Nerven (siehe dort)

V. Verschiedene

A. Benign
 1. Meningiom   M 95300
 2. Parasympathisches Paragangliom (Chemodektom)   M 86821
 3. Andere
B. Malign
 1. Malignes parasymphatisches Paragangliom
  (malignes Chemodektom)   M 86933
 2. Andere

VI. Metastatisch   M ___6

VII. Unklassifiziert   M 8000_

VIII. Tumorartig

 1. (Epidermoides) Cholesteatom   M 72900
 2. Cholesteringranulom   M 44090
 3. Ohrpolyp T XY200   M 76820
 4. Tympanosklerose T XY320   M 49020
 5. Andere

Topographie – Codierung

snomed	*Lokalisation*
T XY300	Mittelohr
T XY310	Paukenhöhle
T XY320	Trommelfell
T XY510	Mastoidzellen
T XY600	Tuba auditiva
T XY700	Innenohr
T XY800	Kochlea

Erläuterungen

I.B.2. Beim Adenokarzinom des Mittelohres kommen hoch-und mitteldifferenzierte Typen vor.

Literatur

1. Shanmugaratnam, K., Sobin, L. H.: Histological typing of upper respiratory tract tumours. (International histolgical classification of tumours, No. 19.). Geneva: World Health Organization. 1978.
2. Siedentop, K. H., Jeantet, C.: Primary adenocarcinoma of the middle car. Ann. Otol. *70*, 1–15 (1961).
3. Tucker, W. N.: Cancer of the middle ear. A review of 89 cases. Cancer *18*, 642–650 (1965).

1.3 Tumoren der Nasenhöhle und der Nasennebenhöhlen

H. H. Popper, G. Mikuz, M. Drlicek und *St. Wuketich*

I. Epithelial

A. Benign
1. Papillome   M 80500
      a. Plattenepithelpapillom   M 80520
        i. Exophytisch
        ii. Invertiert
      b. Übergangszellpapillom   M 81200
        i. Exophytisch
        ii. Invertiert
      c. Keratoacanthom   M 72860
2. Adenome (siehe auch Tumoren der Speicheldrüsen)   M 81400

B. Malign
1. Plattenepithelkarzinom   M 80703
   Varianten:
      a. Spindelzelliger Typ   M 80743
      b. Basaloider Typ   M 80733
      c. Verruköses Karzinom   M 80513
2. Übergangszellkarzinom   M 81203
3. Adenokarzinom*   M 81403
      a. Azinär-tubulär   M 85503
      b. Papillär   M 82603
      c. Muzinös   M 84803
      d. Andere
4. Adenoid-zystisches Karzinom   M 82003
      a. niedriger Malignitätsgrad
      b. hoher Malignitätsgrad
5. Mukoepidermoidkarzinom   M 84303
      a. niedriger Malignitätsgrad
      b. hoher Malignitätsgrad
6. Azinuszellkarzinom*   M 85501
7. Neuroendokrine Tumoren*   M 82401
        M 82403
        M 80413

8. Andere

II. Mesenchymal (siehe auch Tumoren der Weichgewebe)

A. Benign
1. Hämangiom   M 91200
   Variante:
      a. Lobuläres kapilläres Hämangiom*   M 91310
2. Andere

B. **Intermediär**
   1. Hämangioperizytom   M 91500
   2. Juveniles Angiofibrom   M 91600
   3. Andere
C. **Malign**
   1. Malignes Hämangioperizytom   M 91503
   2. Rhabdomyosarkom   M 89003
   3. Andere

III. Tumoren des Knochens und Knorpels (siehe auch dort)

   1. Ameloblastom   M 93100
   2. Andere

IV. Tumoren der peripheren Nerven (siehe auch dort)

A. **Benign**
   1. Neurilemmom   M 95600
   2. Neurofibrom   M 95400
   3. Andere
B. **Malign**
   1. Malignes Neurilemmom   M 95603
   2. Neurogenes Sarkom   M 95403
   3. Neuroblastom   M 95003
   4. Olfaktorisches Neuroblastom*   M 95223
   6. Andere

V. Tumoren des blutbildenden und lymphatischen Gewebes (siehe auch dort)

   1. „Malignes" (letales) Mittelliniengranulom*   M 44720
   2. Andere

VI. Verschiedene

A. **Benign**
   1. Reifes Teratom   M 90800
   2. Melanotischer neuroektodermaler Tumor
      (melanotisches Progronom)*   M 93630
   3. Juveniles Melanom   M 87700
   4. Meningiom   M 95300
   5. Andere
B. **Malign**
   1. Malignes Teratom   M 90803
   2. Malignes Melanom   M 87203
   3. Andere

VII. Metastatisch   M ＿＿＿ 6

VIII. Unklassifiziert   M 8000_

IX. Tumorartig

1.	Nasenpolyp	M 76820
	Variante:	
	a Nasenpolyp mit stromaler Atypie*	
2.	Zysten	M 26600
3.	Nodulär-zystische onkozytische Metaplasie	M 73050
4.	Pseudoepitheliomatöse Hyperplasie	M 72090
5.	Fibröse Dysplasie	M 74910
6.	Nasales Gliom	M 26160
7.	Infektiöse Granulome	M 44000
8.	Cholesteringranulom	M 44090
9.	Wegenersche Granulomatose	M 44780
		D 7695
10.	Andere	

Topographie – Codierung

snomed		*Lokalisation*
T 20000		Respirationstrakt
T 20100		oberer Respirationstrakt
T 21000		Nase
T 22000		Nasennebenhöhlen

T N M - Staging

Pharynx	
	Oropharynx
T1	≤ 2 cm
T2	> 2 bis 4 cm
T3	> 4 cm
T4	Infiltration von Knochen, Muskel usw.
	Nasopharynx
T1	Ein Unterbezirk
T2	> ein Unterbezirk
T3	Infiltration von Nase/Oropharynx
T4	Infiltration von Schädelbasis/Hirnnervenbefall
	Hypopharynx
T1	Ein Unterbezirk
T2	> ein Unterbezirk oder benachbarter Bezirk, ohne Larynxfixation
T3	Mit Larynxfixation
T4	Infiltration von Knorpel, Hals usw.

	Alle Bezirke
N1	Ipsilateral solitär ≤ 3 cm
N2	Ipsilateral solitär > 3 cm bis 6 vm
	Ipsilateral multipel ≤ 6cm
	Bilateral, kontrralatent ≤ 6 cm
N3	> 6 cm

	Kieferhöhle
T1	Antrale Schleimhaut
T2	Infrastruktur, harter Gaumen, Nase
T3	Wange, Orbitaboden, Ethmoid, dorsale Kiefer-höhlenwand
T4	Orbitainhalt und benachbarte Strukturen
N1	Ipsilateral solitär ≤ 3 cm
N2	Ipsilateral solitär > 3 bis 6 cm
	Ipsilateral multipel ≤ 6 cm
	Bilateral, kontralateral ≤ 6 cm
N3	> 6 cm

Erläuterungen

I.B.3. Unter den anderen Formen des nasalen Adenokarzinoms läßt sich ein intestinaler Typ abgrenzen, der im Feinbau völlig einem Adenokarzinom des Dickdarms entspricht.

I.B.6. Die Dignität der seltenen Azinuszellkarzinome ist histologisch nicht zu sichern. Es wurden Lokalrezidive, aber auch lymphogene und hämatogene Metastasen beschrieben.

I.B.7. Das niedrig differenzierte neuroendokrine (kleinzellige) Karzinom der Nasenhöhle und der Nebenhöhlen zeigt gewöhnlich den Bau des Oat-cell-Karzinoms und ist assoziiert mit variabler Hormonproduktion. Mischformen mit neuroendokriner und exokriner Differenzierung (v. a. mit Adenokarzinomen und Übergangszellkarzinomen) sind möglich. Die seltenen Karzinoide sind analog der Lungenklassifikation zu behandeln. Sie zeigen selten die typische Wuchsform - spindelzelliger Typ und atypisches Karzinoid überwiegen.

II.A.1.a. Synonyme: Hämangiom vom Granulationsgewebstyp, Granuloma pyogenicum.

IV.B.4. Olfaktorisches Neuroblastom syn. Aesthesioneuroepitheliom, syn. Neurozytom. Die Diagnose des Neurozytoms sollte als Subtypbezeichnung nur verwendet werden, wenn nur nervale Elemente und keine epithelialen Strukturen vorhanden sind. Der Reifegrad sollte immer angegeben werden. Immunhistochemisch kann ein positiver Nachweis von NSE und Chromogranin, sowie S100- und Neurofilamentpositivität und eine negative Reaktion mit Zytokeratinantikörpern die Diagnose erhärten, wobei besonders die negative Reaktion mit Zytokeratinantikörpern und die positive mit S100-Antikörpern wichtig ist für die Differentialdiagnose zum neuroendokrinen Karzinom.

V.1. Beim malignen (letalen) Mittelliniengranulom handelt es sich meistens um ein T-Zell-Lymphom. Klinischerseits wurden und werden aber unter diesem Begriff eine Reihe weiterer Entitäten zusammengefaßt, darunter infektiöse und nichtinfektiöse granulomatöse Entzündungen.

VI.A.2. Melanotisches Progronom ist ein Tumor des frühen Kindesalters. Aufgebaut ist er aus einer epithelartigen Komponente heller Zellen und einer lymphozytenähnlichen Komponente. Gangartige Strukturen können ausgebildet werden, das Stroma kann stark fibrosiert sein. Melaningranula sind in beiden Zellformen nachweisbar.

IX.1.a. Nasen- u. Nebenhöhlenpolypen können eine ausgeprägte Atypie der Stromazellen aufweisen und sarkomatöse Wucherungen vortäuschen. Besonders wichtig ist die Abgrenzung zum embryonalen Rhabdomyosarkom.

Literatur

1. Compagno, J., Hyams, V. J., Lepore, M. L.: Nasal polyposis with stromal atypia. Review and follow-up study of 14 cases. Arch. Pathol. Lab. Med. g b100, 224–226 (1976).
2. Friedmann, I., Osborn, D. A.: Pathology of granulomas and neoplasms of the nose and paranasal sinuses. Edinburgh, London: Churchill Livingstone. 1982.
3. Fu, Y.-S., Perzin, K. H.: Non-epithelial tumors of the nasal cavity, paranasal sinuses and nasopharynx. I. General features and vascular tumors. Cancer 33, 1275–1288 (1974).
4. Fu, Y.-S., Perzin, K. H.: Non-epithelial tumors of the nasal cavity, paranasal sinuses and nasopharynx: A clinicopathologic study. VII. Myxomas. Cancer 39, 195–203 (1977).
5. Heffner, D. K., Hyams, V. J., Hauck, K. W., Lingeman, C.: Low-grade adenocarcinoma of the nasal cavity and paranasal sinuses. Cancer 50, 312–322 (1982).
6. Kameya, T., Shimosato, Y., Adachi, I., Abe, K., Ebihara, S., Ono, I.: Neuroendocrine carcioma of paranasal sinus. A morphological and endocrinological study. Cancer 45, 330–339 (1980).
7. Mills, S. E., Cooper, P. H., Fechner, R. E.: Lobular capillary haemangioma: The underlying lesion of pyogenic granuloma. A study of 73 cases from the oral and nasal mucous membranes. Am. J. Surg. Pathol. 4, 471–479 (1980).
8. Müller, R., Berchtelsheimer, H., Tolsdorff, P.: Zur formalen Genese des sogenannten invertierten Papilloms (invertiertes Epitheliom). Z. Laryngol. Rhinol. Otol. 52, 300–308 (1973).
9. Shanmugaratnam, K., Sobin, L. H.: Histological typing of upper respiratory tract tumours. (International histological classification of tumours, No. 19.). Geneva: World Health Organization. 1978.
10. Silva, E. G., Butler, J. J., Mackay, B., Goepfert, H.: Neuroblastomas and neuroendocrine carcinomas of the nasal cavity. A proposed new classification. Cancer 50, 2388–2405 (1982).

1.4 Tumoren des Nasopharynx

H. H. Popper, G. Mikuz, M. Drlicek und *St. Wuketich*

I. Epithelial

A. Benign
1. Papillome   M 80500
   a. Plattenepithelpapillom   M 80520
   b. Andere
2. Adenome (siehe auch Tumoren der Speicheldrüsen)   M 81400
   a. Pleomorph   M 89400
   b. Andere

B. Malign
1. Plattenepithelkarzinom   M 80703
   Variante:
   a. Spindelzelliger Typ   M 80743
2. Undifferenziertes Karzinom mit lymphozytischem Stroma*   M 80203
   a. Lymphozytenreich (Typ Schmincke)
   b. Lymphozytenarm (Typ Régaud)
3. Adenokarzinom*   M 81403
4. Adenoid-zystisches Karzinom   M 82003
5. Neuroendokrine Tumoren*   M 82401
                                                                          M 82403
                                                                          M 80413
6. Andere

II. Mesenchymal (siehe auch Tumoren der Weichgewebe)

A. Benign
1. Juveniles Angiofibrom   M 91600
2. Andere

B. Malign
1. Rhabdomyosarkom   M 89003
   a. Embryonal*   M 89103
   b. Andere
2. Andere

III. Tumoren des Knochens und Knorpels (siehe dort)

IV. Tumoren der peripheren Nerven (siehe dort)

V. Tumoren des blutbildenden und lymphatischen Gewebes (siehe auch dort)
1. „Malignes" (letales) Mittelliniengranulom*   M 44720
2. Andere

VI. Verschiedene

A. Benign
    1. Reifes Teratom   M 90800
    2. Hypophysenadenom   M 81400
    3. Kraniopharyngiom   M 93501
    4. Meningiom   M 95300
    5. Andere
B. Malign
    1. Malignes Teratom   M 90803
    2. Chordom   M 93703
    3. Malignes Melanom   M 87203
    4. Andere

VII. Metastatisch   M ___6

VIII. Unklassifiziert   M 8000_

IX. Tumorartig
    1. Lymphatische Hyperplasie*   M 72200
    2. Zysten   M 33400
    3. Nodulär-zystische onkozytische Metaplasie   M 73050
    4. Pseudoepitheliomatöse Hyperplasie   M 72090
    5. Infektiöse Granulome   M 44000
    6. Wegenersche Granulomatose   M 44780
                                                D   7695

    7. Andere

Topographie – Codierung

snomed	*Lokalisation*
T 23000	Nasopharynx

Erläuterungen

I.B.2. Wegen der wechselnd starken Durchsetzung mit nicht neoplastischen Lympho-
zyten wurde das undifferenzierte Karzinom des Nasopharynx als Lymphoepitheliom
bezeichnet. Im Gegensatz zur WHO-Klassifikation, die Plattenepithelkarzinom und
undifferenziertes Karzinom als nasopharyngeales Karzinom zusammenfaßt, sollte der
zur Zeit viel verwendete Terminus Nasopharynxkarzinom nur beim undifferenzierten
Karzinom mit lymphozytischem Stroma, als dem Nasopharynxkarzinom im engeren
Sinne, gebraucht werden.
I.B.3. Typen des Adenokarzinoms sind wie bei den Tumoren der Nasenhöhle und der
Nebenhöhlen anzugeben.
I.B.5. Neuroendokrine Tumoren: Siehe Erläuterungen zu Tumoren der Lunge.

II.B.1.a. Das embryonale Rhabdomyosarkom des Nasopharynx zeigt meist die botryoide Wuchsform. Wichtig ist die differentialdiagnostische Unterscheidung von Polypen mit Stromaatypie.

V.1. „Malignes" (letales) Mittelliniengranulom: Beim MMG im engeren Sinn handelt es sich um ein T-Zellymphom mit/ohne angiozentrische Ausbreitung. Allerdings werden klinisch unter diesem Terminus auch entzündliche granulomatöse Erkrankungen angeführt, z. B. das Stewartsgranulom.

IX.1. Für die ungemein häufige lymphatische Hyperplasie im Nasopharynx sind auch die Bezeichnungen adenoide Vegetationen und Adenoide gebräuchlich.

Literatur

1. Shanmugaratnam, K., Sobin, L. H.: Histological typing of upper respiratory tract tumours. (International histological classification of tumours, No. 19.) Geneva: World Health Organization. 1978.

1.5 Tumoren des Larynx und der Trachea

H. H. Popper, G. Mikuz, M. Drlicek und *St. Wuketich*

I. Epithelial

A. Benign
1. Papillome	M 80500
a. Plattenepithelpapillom*	M 80520
Varianten:	
i. Juveniles Papillom/	M 80500/
Papillomatose*	M 80600
b. Übergangszellpapillom	M 81200
2. Adenome (siehe Tumoren der Speicheldrüsen)	M 81400
3. Andere	

B. Intermediär
1. Intraepitheliale Neoplasie GI-III* (früher: Dysplasie)	M 74000
2. Morbus Bowen (Stimmbänder)	M 80812

C. Malign
1. Plattenepithelkarzinom	M 80703
Varianten:	
a. Spindelzelliger Typ	M 80743
b. Verruköses Karzinom*	M 80513
c. Basaloider Typ	M 80733
d. Karzinom in einem(r) Papillom / Papillomatose*	M 80703/
	M 80500
2. Neuroendokrine Tumoren*	M 82401
	M 82403
	M 80413
3. Adenokarzinom	M 81403
4. Adenoid-zystisches Karzinom	M 82003
5. Mukoepidermoidkarzinom	M 84003
a. niedriger Malignitätsgrad	
b. hoher Malignitätsgrad	
6. Azinuszellkarzinom	M 85503
7. Andere	

II. Mesenchymal (siehe Tumoren der Weichgewebe)

III. Tumoren des Knochens und Knorpels (siehe auch dort)

A. Benign
1. Chondrom	M 92200
2. Andere	

B. Malign
1. Chondrosarkom	M 92203
2. Andere	

IV. Tumoren der peripheren Nerven (siehe auch dort)

A. Benign
    1. Granularzelltumor*   M 95800
    2. Andere
B. Malign

V. Tumoren des blutbildenden und lymphatischen Gewebes (siehe dort)

VI. Verschiedene

VII. Metastatisch   M ___ 6

VIII. Unklassifiziert   M 8000_

IX. Tumorartig

    1. Stimmbandpolypen   M 76800
    2. Intubationsgranulom   M 44450
    3. Zysten   M 26600
    4. Nodulär-zystische onkozytäre Metaplasie   M 73050
    5. Pseudoepitheliomatöse Hyperplasie   M 72090
    6. Keratose (ohne Atypie)   M 72600
    7. Verruköse Hyperplasie*   M 72000
    8. Laryngeale Verruca vulgaris   M 76630
    9. Tumorförmige Amyloidose   D   3890
  10. Infektiöse Granulome   M 44000
  11. Tracheopathia osteochondroplastica   M 73400
  12. Andere

Topographie – Codierung

snomed	*Lokalisation*
T 24010	Epiglottis
T 24100	Larynx
T 24132	Taschenband
T 24134	Stimmband
T 24330	Vestibulum laryngis
T 25000	Trachea
T 26000	Hauptbronchus
T 26770	Segmentäler Bronchus
T 27000	Bronchiolus

T N M – Staging

Larynx	
	Glottis
T1	Begrenzt/beweglich
T1a	Ein Stimmband
T1b	Beide Stimmbänder
T2	Ausbreitung auf Supra- oder Subglottis/ eingeschränkte Beweglichkeit
T3	Stimmbandfixation
T4	Ausdehnung jenseits des Larynx
	Supraglottis
T1	Ein Unterbezirk/beweglich
T2	> ein Unterbezirk/Ausbreitung auf ein Stimmband/ beweglich
T3	Stimmbandfixation
T4	Ausbreitung jenseits des Larynx
	Subglottis
T1	begrenzt auf Subglottis/beweglich
T2	Ausbreitung auf ein Stimmband/beweglich
T3	Stimmbandfixation
T4	Ausdehnung jenseits des Larynx
	Alle Bezirke
N1	Ipsilateral solitär $\leq$ 3 cm
N2	Ipsilateral solitär > 3 bis 6 cm
	Ipsilateral multipel $\leq$ 6 cm
	Bilateral, kontralateral $\leq$ 6 cm
N3	> 6 cm

Erläuterungen

I.A.1.i. Das juvenile Papillom ist lichtmikroskopisch vom adulten Papillom nicht zu unterscheiden, jedoch wegen seiner viralen Genese, des meist polytopen Auftretens in jungem Lebensalter, der Rezidivneigung, aber auch der spontanen Involution als eigenständige Variante anzusehen. Auch bei der Papillomatose sollte immer der juvenile vom adulten Typ unterschieden werden, da letzterer zur malignen Entartung neigt.

I.B.1. Intraepitheliale Neoplasie GI-III sind zu unterscheiden und anzugeben.

I.C.1.b. Schwierige Abgrenzung gegen die verruköse Hyperplasie (siehe Erläuterung IX.7.).

I.C.1.d. „Das invasive Papillom" bzw. die „invasive Papillomatose" ist durch den Begriff Plattenepithelkarzinom in einem Papillom bzw. in einer Papillomatose zu ersetzen.

I.C.2. Das kleinzellige Karzinom des Larynx entspricht in der Regel einem neuroendokrinen Karzinom vom Oat-cell-Typ. Die seltenen Karzinoide des Larynx sind analog den Lungenkarzinoiden zu klassifizieren.

IV. a.1. Granularzelltumore können im darüberliegenden Plattenepithel zu einer pseudoepitheliomatösen Hyperplasie mit oder ohne Atypien führen. Besonders bei Biopsien ist eine Verwechslung mit Plattenepithelkarzinomen möglich.

IX.7. Die verruköse Hyperplasie unterscheidet sich vom verrukösen Karzinom allein an der Basis der Veränderung, indem die verruköse Wucherung bei der Hyperplasie die Ebene des angrenzenden normalen Epithels nach der Tiefe hin nicht überschreitet, das Karzinom jedoch über diese Ebene hinaus in die Tiefe vorwächst.

Literatur

1. Doerr – Seifert – Ühlinger: Spezielle Pathologische Anatomie, Bd. 4. Berlin, Heidelberg: Springer. 1969.
2. Fechner, R. E., Fitz-Hugh, G. S.: Invasive tracheal papillomatosis. Am. J. Surg. Pathol. *4*, 79–86 (1980).
3. Fechner, R. E., Goepfert, H., Alford, B. R.: Invasive laryngeal papillomatosis. Arch. Otol. *99*, 147–151 (1974).
4. Fechner, R. E., Mills, S. E.: Verruca vulgaris of the larynx. A distinctive lesion of probable viral origin confused with verrucous carcinoma. Am. J. Surg. Pathol. *6*, 357–362 (1982).
5. Ferlito, A., Recher, G.: Ackerman's tumor (verrucous carcinoma) of the larynx. A clinicopathologic study of 77 cases. Cancer *46*, 1617–1630 (1980).
6. Glanz, H., Kleinsasser, O.: Verruköse Akanthose (verruköses Karzinom) des Larynx. Laryngol. Rhinol. Otol. *57*, 835–843 (1978).
7. Gnepp, D. R., Ferlito, A., Hyams, V.: Primary anaplastic small cell (oat cell) carcinoma of the larynx. Review of the literature and report of 18 cases. Cancer *51*, 1731–1745 (1983).
8. Shanmugaratnam, K., Sobin, L. H.: Histological typing of upper respiratory tract tumours. (International histological classification of tumours, No. 19.) Geneva: World Health Organization. 1978.

1.6 Tumoren der Lunge

H. H. Popper, G. Mikuz, M. Drlicek und *H. Höfler*

I. Epithelial

A. Benign
1. Papillom   M 80500
   a. Plattenepithelpapillom   M 80520
   b. Übergangszellpapillom   M 81200
   c. Papillomatose   M 80600
2. Adenome (siehe auch Tumoren der Speicheldrüsen)   M 81400
   a. Bronchialdrüsenadenome   M 81401
      i. Papillär
      ii. Cystisch
      iii. Pleomorph
      iv. Andere
   b. Clarazelladenom
   c. Pneumozytome mit und   M 88320
      ohne Sklerosierung (Synonym: Sklerosierendes
      Hämangiom)*
   d. Alveolarzelladenom*   M 82510
3. Andere

B. Intermediär
1. Intraepitheliale Neoplasie
   Grad I–II (BIN I–II)   M 74000
2. Intraepitheliale Neoplasie
   Grad III (Carcinoma in situ)   M 80102

C. Malign
1. Plattenepithelkarzinom*   M 80703
   Varianten:
   a. Spindelzelliger Typ   M 80743
   b. Basaloider Typ*   M 80733
2. Neuroendokrine Tumoren*
   a. Typisches Karzinoid*   M 82401
   Varianten:
      i. Solid
      ii. Trabekulär
      iii. Adenoid
      iv. Spindelzellig
   b. Atypisches Karzinoid*   M 82403
      (=hochdifferenziertes neuroendokrines Karzinom)
   c. Kleinzelliges Karzinom   M 80413
      i. Oatcell Typ
      ii. Intermediärer Zelltyp
      iii. Kombiniertes kleinzelliges Karzinom*
   d. Großzelliges neuroendokrines Karzinom

3. Adenokarzinom*	M 81403
a. Azinär	M 85503
b. Tubulo-papillär	M 82113
c. Embryonal	
d. Solid mit Schleimbildung	M 84813
e. Bronchioloalveolär*	
i. Solitär	
ii. Multinodulär	
iii. Diffus	M 82503
4. Großzelliges Karzinom	M 80123
Varianten:	
a. Klarzelliger Typ*	M 83103
b. Riesenzelliger Typ*	M 80313
c. Andere	
5. Adenosquamöses Karzinom	M 85603
6. Bronchialdrüsenkarzinome	M 81403
a. Adenokarzinom vom Bronchialdrüsentyp	
b. Mucoepidermoidkarzinom	M 84303
c. Adenoid-zystisches Karzinom	M 82003
7. Andere	

II. Mesenchymal (siehe auch Tumoren der Weichgewebe)

A. Benign

1. Hamartom	M 75500
2. Klarzelltumor (Sugar tumor)*	M 76820
3. Lymphangioleiomyomatose	M 91741
4. Andere	

B. Malign

1. Lowgrade Angiosarkom der Lunge (= früher intravasculärer bronchioloalveolärer Tumor der Lunge, IVSBAT)	M 91203
2. Angiosarkom der zentralen Pulmonalarterien (high-grade malignancy)	M 91203
3. Andere	

III. Tumoren der peripheren Nerven (siehe auch dort)

A. Benign

1. Meningiom	M 95300
2. Chemodektom	M 86931
3. Andere	

B. Malign

1. Malignes Chemodektom	M 86933
2. Andere	

IV. Tumoren des blutbildenden und lymphatischen Gewebes (siehe auch dort)

A. Langerhanszellgranulomatose (Histiozytosis X)
   1. Eosinophiles Granulom   M 44050
   2. Andere
B. Malign
   1. NH-Lymphom (Lymphomatoide Granulomatose - Liebow)
      zumeist T-Zelltyp*   M 44710
   2. Lymphom   M 95903
      des bronchusassoziierten lymphatischen Gewebes (BALT-Lymphom)*
   3. Andere

V. Verschiedene

A. Benign
   1. Teratom   M 90800
   2. Andere
B. Malign
   1. Pulmonales Blastom*   M 80723
   2. Karzinosarkom*   M 89803
   3. Malignes Teratom   M 90803
   4. Malignes Melanom*   M 87203
   5. Andere

VI. Metastatisch   M ___6

VII. Unklassifiziert   M 8000_

VIII. Tumorartig

   1. Inflammatorischer Pseudotumor   M 76820
      (Plasmazellgranulom)
      a. Plasmazellreich
      b. Histiozytär
      c. Xanthomatös
   2. Pseudolymphom   M 72290
      Varianten:
      a. Nodulär (lymphatische Hyperplasie)
      b. Diffus (lymphozytäre interstitielle Pneumonie)
   3. Mikrokarzinoidose* (früher eine der Entitäten des Tumorlet)
   4. Chemodectoma-like Bodies
   5. Amyloidtumor   D 3890
   6. Tumorförmige infektiöse Granulome
      a. Tuberkulom
      b. Tumorförmige Mykosen
   7. Andere

Topographie - Codierung

snomed	*Lokalisation*
T 28000	Lunge
T 28080	Lungenhilus
T 28100	rechte Lunge
T 28500	linke Lunge
D 29000	Pleura

T N M - Staging

Lunge	
TX	Positive Zytologie
T1	≤ 3 cm
T2	> 3 cm/ Ausbreitung in Hilusregion/Invasion von viszeraler Pleura/partielle Atelektase
T3	Brustwand/Zwerchfell/Perikard/mediastinale Pleura u. a./totale Atelektase
T4	Mediastinum/Herz/große Gefäße/Trachea/Speiseröhre u. a./maligner Erguß
N1	Ipsilateral/hilär peribronchial
N2	Ipsilateral mediastinal
N3	Kontralateral mediastinal/Skalenus- oder supraklavikuläre Lymphknoten

Erläuterungen

I.A.2.c.d. Pneumozytom / Alveolarzelladenom:
Die gebräuchliche aber histogenetische falsche Bezeichnung „sklerosierendes Hämangiom" wird durch den Begriff „Pneumozytom" ersetzt.
I.C.1. Plattenepithelkarzinom: Die Graduierung richtet sich nach dem Grad der Verhornung und nach der Mitosenzahl: G1 = > 20% Verhornung, 3 Mitosen/HPF (400x), G2 = < 20 % Verhornung, 3–8 Mitosen/HPF, G3 = keine oder nur Einzelzellverhornung, 8 Mitosen/HPF
I.C.1.a. Spindelzellige Karzinome kommen bevorzugt als Sybtypen des Plattenepithelkarzinoms vor. Sie werden allerdings auch bei Adenokarzinomen beobachtet.
I.C.2. Zur Bestätigung neuroendokriner Differenzierung von Lungentumoren sind immunhistochemische Untersuchungen mit Antikörpern gegen neuronspezifische Enolase, Phe5, Chromogranin A, und Synaptophysin geeignet. Es muß jedoch darauf hingewiesen werden, daß v. a. bei kleinzelligen Karzinomen die Reaktionen mit Antikörper gegen Granulamatrixproteine üblicherweise sehr schwach oder negativ ausfallen. Unter den von neuroendokrinen Lungentumoren produzierten (Peptid)hormonen sind Bombesin (GRP), alpha-HCG, ACTH, Somatostatin, pankreatisches Polypeptid und Serotonin am häufigsten.
I.C.2.a. Das typische Karzinoid muß vom atypischen Karzinoid wegen der unterschiedlichen Prognose (80-90% versus 50-60% 3-Jahresüberlebensrate!) abgegrenzt werden.

Histomorphologische Kriterien des typischen Karzinoids sind: ruhiges, „organoides" Gewebsbild, keine Atypien, keine Mitosen, keine Nekrosen, häufig Stromafibrose.

I.C.2.b. Das atypische Karzinoid muß vom kleinzelligen Karzinom wegen der unterschiedlichen Prognose und unterschiedlicher Therapie (Resektion versus Chemotherapie) abgegrenzt werden. Wesentlichste histomorphologische Kriterien des atypischen Karzinoids sind: (gering bis mäßig) Atypie, nur vereinzelt Mitosen, Einzelzellnekrosen (keine Gruppennekrosen!), häufig Stromafibrose. Kernquetschfiguren, Gruppennekrosen, Kerneindellungen und häufige Mitosen sind Kriterien des kleinzelligen Karzinoms. Zu den atypischen Karzinoiden wird auch das extrem seltene Becherzellkarzinoid der Lunge gerechnet.

I.C.2.d. Es handelt sich um einen hochmalignen Tumor, der vom (nicht neuroendokrin differenzierten) großzelligen Lungenkarzinom abgegrenzt werden sollte. Dafür eignen sich die oben angeführten neuroendokrinen Marker und u. a. der immunhistochemische Nachweis von Bombesin und alpha-HCG. Die Prognose liegt zwischen atypischen Karzinoid und kleinzelligem Karzinom.

I.C.3. Adenokarzinom: Die Graduierung richtet sich nach der Architektur und der Mitosenzahl. G1 = reife Architektur, oftmals nur einreihiges höchstens zweireihiges Epithel, keine Sekundärdrüsen, < 3 Mitosen/HPF; G2 = gestörte Architektur, Ausbildung von Sekundärdrüsen, mehrreihiges Epithel, 4-8 Mitosen/HPF, geringe Kernpolymorphie; G3 = rudimentäre oder keine drüsigen Strukturen, positiver Schleimnachweis, Mitosen > 8/HPF, ausgeprägte Kernpolymophie, oftmals Riesenzellen (cave Riesenzellkarzinom!)

I.C.3.e. Die Diagnose bronchioloalveoläres Adenokarzinom sollte nur dann gestellt werden, wenn nachweislich der Tumor keine Stromaproliferation induziert. Es handelt sich bei diesen Tumoren um histogenetische Mischtumoren, zusammengesetzt aus Zellen mit Becherzell-, Clarazell-, und Pneumozytendifferenzierung. Gemeinsam ist allen das biologische Verhalten: das Wachstum auf präexistenten Alveolarsepten, ohne eine Angioneogenese oder Stromaproliferation. Die Unterscheidung diffus – multinodulär – solitär, kann aus 8–12 transbronchialen Biopsien mit großer Sicherheit gestellt werden und ist für die Prognose wichtig (= schlecht – mittelgradig – besser).

I.C.4.a. Das klarzellige (hellzellige) Karzinom ist eine Ausschlußdiagnose. Eine Metastase eines Nierenzellkarzinoms muß ausgeschlossen sein. Eine Koexpression von Zytokeratinen und Vimentin ist in primären Lungenformen nicht beobachtet worden, der Antikörper CA-19 gibt wiederum nur in Lungenformen positive Reaktionen.

I.C.4.b. Riesenzelliges Karzinom:
Die Diagnose dieses äußerst aggressiven Tumors sollte nicht gestellt werden, wenn man, wie z. B. in Adenokarzinomen häufig, nur einzelne Riesenzellen antrifft, oder es sich um ein „antherapiertes" Karzinom handelt, sondern nur wenn im Biopsat / Resektat pro Gesichtsfeld (x400) mindestens 10 Riesenzellen, bevorzugt mehrkernige, gefunden werden, die außerdem auch die Kriterien der Malignität zeigen müssen.

II.A.2. Klarzelltumor: Dieser Tumor ist durch ein klares, wasserhelles Zytoplasma charakterisiert. Immunhistochemisch zeigt er keinerlei Markerreaktivität (auf Zytokeratine, F-VIII-Ag, Desmin, S-100 Protein, NSE, Chromogranine negativ, lediglich eine pos. Vimentinreaktion kann gefunden werden).

IV.B.1. Maligne Lymphome können in der Lunge primär vorkommen, waren aber bisher Raritäten. Im Rahmen der Lungen- und Lungen-Herz-Transplantationen wurde aber bereits bisher ein unverhältnismäßig hoher Anteil an primären malignen NH-Lympho-

men in den transplantierten Lungen beobachtet. Die lymphomatoide Granulomatose ist
ein malignes NH-Lymphom mit betont angiozentrischem Ausbreitungsmuster. Es entstehen dadurch granulomartige Herde mit zentralen Nekrosen und Vaskulitis. Im angel-
sächsischen Schrifttum werden sie unter den großzelligen Lymphomen geführt. Nach
bisher vorliegenden Markerstudien handelt es sich überwiegend um T-Zellymphome.

IV.B.2. Analog den MALT-Lymphomen sind auch BALT-Lymphome beschrieben worden. Die diagnostischen Kriterien sind ident wie dort.

V.B.1. Lungenblastom: Die Diagnose dieses seltenen Tumors sollte nur bei Vorliegen
von embryonalen epithelialen (meist an ein tubuläres Differenzierungsstadium einer
embryonalen Lunge erinnernd) und unreifen mesenchymalen Strukturen gestellt werden.
Es gibt Übergänge von einem fast rein epithelialen Typ zu einem Mischtyp mit malignen
epithelialen und mesenchymalen Anteilen bis hin zum

V.B.2. Karzinosarkom, bei dem aber der epitheliale Anteil undifferenziert sein muß. Die
Zytokeratinreaktion ist im epithelialen Anteil beider Tumore positiv, Vimentin nur in den
mesenchymalen Anteilen. Während beim Karzinosarkom meist keine anderen mesenchymalen Differenzierungsmarker gefunden werden können, finden sich positive Des-
min- und α-Aktin-Reaktionen im Blastom.

V.B.4. Primäre maligne Melanome sind im Respirationstrakt beschrieben worden. Es
ist dies eine Ausschlußdiagnose.

VIII.3. Mikrokarzinoidose (= Tumorlet Karzinoide) ist eine multizentrische nur mikro-
skopisch nachweisbare, bronchiolo-alveoläre Hyperplasie neuroendokriner Zellen mit
Produktion von Bombesin. Sie wird häufig in Narbenbereichen oder assoziiert mit
chronischer Bronchitis bei Bonchiektasen gefunden; die Entwicklung von Karzinoiden
bzw. neuroendokrinen Tumoren aus Mikrokarzinoidoseherden ist nicht gesichert.

Literatur

1. Barbareschi, M., Ferrero, S., Aldovini, D., Leonardi, E., Colombetti, V., Carboni, N.,
   Mariscotti, C.: Inflammatory pseudotumour of the lung. Immunohistochemical analysis on four new cases. Histopathol. *5*, 205–211 (1990).
2. Dail, D. H., Hammar, S. P.: Pulmonary pathology. Berlin, Heidelberg: Springer. 1988.
3. Doerr – Seifert – Ühlinger: Spezielle Pathologische Anatomie, Bd. 16/I+II, Pathologie der Lunge. Berlin, Heidelberg: Springer. 1983.
4. Noguchi, M., Kodama, T., Shimosato, V., Koide, T., Naruke, T., Singh, G., Katyal, S.
   L.: Papillary adenoma of type 2 pneumocytes. Am. J. Surg. Pathol. *10,* 134–139
   (1986).
5. Palmer, K. C.: Clara cell adenomas of the mouse lung. Interaction with alveolar type
   2 cells. Am. J. Pathol. *120,* 455–463 (1985).
6. Ranchod, M.: The histogenesis and development of pulmonary tumorlets. Cancer *39,*
   1135–1145 (1983).
7. Satoh, Y., Tsuchiya, E., Weng, S. Y., Kitagawa, T., Matsubara, T., Nakagawa, K.,
   Kinoshita, I., Sugano, H.: Pulmonary sclerosing hemangioma of the lung – A type-II
   pneumocytoma by immunohistochemical and immunoelectron microscopic studies.
   Cancer *64,* 1310–1317 (1989).
8. Siebenmann, R. E., Odermatt, B., Hegglin, J., Binswanger, R. O.: Alveolar cell
   adenoma, a recently identified benign lung tumour. Pathologe *11,* 48–54 (1990).
9. Spencer, H.: Pathology of the lung, 4th ed. Pergamon Press. 1987.

10. Travis, W. D., Linnoila, R. I., Tsokos, M. G., Hitchcock, Ch. L., Cutler, G. B., Nieman, L., Chrousos, G., Pass, H., Doppman, J.: Neuroendocrine tumors of the lung with proposed criteria for large-cell neuroendocrine carcinoma. Am. J. Surg. Pathol. *15(6),* 529–553 (1991).

11. Warren, W. H., Memoli, V. A., Gould, V. E.: Immunhistochemical and ultrastructural analysis of bronchopulmonary neuroendocrine carcinomas. Ultrastruktural Pathology *7,* 185–199 (1984).

12. Wise, W. S., Bonder, D., Aikawa, M., Hsieh, C. L.: Carcinoid tumor of the lung with varied histology. Am. J. Surg. Pathol. *6,* 261–267 (1982).

13. Yousem, S. A., Hochholzer, L.: Alveolar adenoma. Hum. Pathol. *17,* 1066–1071 (1986).

2. Verdauungstrakt einschließlich Leber und exokriner Pankreas

2.1 Tumoren der Mundhöhle und des Oropharynx

F. Beer, M. Susani, G. Syre und *W. Feigl*

I. Epithelial

A. Benign
    1. Plattenepithelpapillom   M 80522
        a. Exophytisch
        b. Invertiert

B. Intermediär
    1. Intraepitheliale Neoplasie Grad I–III   M 80701
    2. Floride orale Papillomatose   M 80600

C. Malign
    1. Plattenepithelkarzinom   M 80703
        Varianten:
        a. Verrucöses Karzinom   M 80513
        b. Bowen-Karzinom   M 80812
        c. Spindelzelliger Typ   M 80743
    2. Undifferenziertes Karzinom mit lymphozytischem Stroma   M 80203
        a. Lymphozytenreich (Typ Schmincke)
        b. Lymphozytenarm (Typ Régaud)

II. Mesenchymal (siehe auch Tumoren der Weichgewebe)

A. Benign
    1. Fibrom   M 88100
    2. Haemangiom   M 91200
        a. Kapillär   M 91310
        b. Kavernös   M 91210
    3. Lymphangiom   M 91700
        a. Kapillär   M 91710
        b. Kavernös   M 91720
        c. Zystisch   M 91730

    4. Rhabdomyom　　　　　　　　　　　　　　　　M 89000
    5. Andere
  B. Malign
    1. Rhabdomyosarkom　　　　　　　　　　　　　M 89003
    2. Haemangiosarkom　　　　　　　　　　　　　M 91203
    3. Andere

III. Melanozytär (siehe auch Tumoren der Haut)

  A. Benign
    1. Naevuszellnaevus
      a. Pigmentierter Naevuszellnaevus　　　　　M 87200
      b. Nicht pigmentierter Naevuszellnaevus　　M 87300
    2. Melanozytärer neuroektodermaler Tumor　　M 93630
    3. Andere
  B. Malign
    1. Malignes Melanom　　　　　　　　　　　　M 87203
    2. Andere

IV. Tumoren der peripheren Nerven (siehe auch dort)

  A. Benign
    1. Granularzelltumor　　　　　　　　　　　　M 95800
      Variante: connatale Epulis　　　　　　　　M 76850
    2. Andere
  B. Malign
    1. Maligner Granularzelltumor　　　　　　　　M 95803
    2. Andere

V. Tumoren des blutbildenden und lymphatischen Gewebes (siehe dort)

VI. Verschiedene

    1. Tumoren der Mundspeicheldrüsen (siehe dort)
    2. Odontogene Tumore (siehe dort)
    3. Tumoren aus branchiogenem Gewebe*
    4. Andere

VII. Metastatisch　　　　　　　　　　　　　　　　M ___6

VIII. Unklassifiziert　　　　　　　　　　　　　　　M 8000_

IX. Tumorartig

1. Prothesenrandtumor = Prothesenfibrom =
   Fibröse Hyperplasie   M 49780
2. Chronische hyperplastische Gingivitis
3. Mucozele/Sialocele   M 33200
4. Entzündliches Xanthogranulom   M 76630
5. Riesenzellepulis/Epulis granulomatosa   M 44110
6. Schleimgranulom   M 44000
7. Condylom   M 76700
8. Branchiogene Fehlbildungen
   (angeborene Kiemenbogenzyste = Embryonalzyste)   M 26500
   Variante: Ductus thyroglossus Zyste*
9. Andere

Topographie – Codierung

snomed	*Lokalisation*
T 51000	Mund
T 51020	Mundhöhle
T 51100	Gaumen
T 51110	harter Gaumen
T 51120	weicher Gaumen
T 51200	Mundboden
T 53000	Zunge
T 60000	Pharynx
T 60200	Oropharynx
T 60300	Hypopharynx
T 61000	Tonsillen und Adenoide
T 61100	Gaumenmandel
T 61140	Zungenmandel
T 61300	Rachenmandel

T N M – Staging

Lippe, Mundhöhle	
T1	≤ 2 cm
T2	> 2 cm bis 4 cm
T3	> 4 cm
T4	Nachbarstrukturen
N1	Ipsilateral solitär ≤ 3 cm
N2	Ipsilateral solitär > 3 bis 6 cm
	Ipsilateral multipel ≤ 6 cm
	Bilateral, kontralateral ≤ 6 cm
N3	> 6 cm

Pharynx	
	Oropharynx
T1	≤ 2 cm
T2	> 2 bis 4 cm
T3	> 4 cm
T4	Infiltration von Knochen, Muskel usw.
	Nasopharynx
T1	Ein Unterbezirk
T2	> ein Unterbezirk
T3	Infiltration von Nase/Oropharynx
T4	Infiltration von Schädelbasis/Hirnnervenbefall
	Hypopharynx
T1	Ein Unterbezirk
T2	> ein Unterbezirk oder benachbarter Bezirk, ohne Larynxfixation
T3	Mit Larynxfixation
T4	Infiltration von Knorpel, Hals usw.
	Alle Bezirke
N1	Ipsilateral solitär ≤ 3 cm
N2	Ipsilateral solitär > 3 cm bis 6 cm
	Ipsilateral multipel ≤ 6 cm
	Bilateral, kontralateral ≤ 6 cm
N3	> 6 cm

Erläuterungen

IV.a.1. Granularzelltumor: Zur Zuordnung dieser in der Mundhöhle nicht seltenen Tumoren siehe auch „Tumoren der peripheren Nerven".
Die konnatale Epulis ist damit identisch und geht vom Stroma des Zahnfleisches aus.
VI.3. und IX.8. Branchiogene Zyste: Es handelt sich um zystische Bildungen mit Fistel in der Halsregion, der Zungenbeinregion und der Region zwischen Zungenbein und Schildknorpel. Sie können respiratorisches Zylinderepithel, Plattenepithel, Schleimdrüsen-, Speicheldrüsen- und Schilddrüsengewebe enthalten. In der Umgebung findet sich lymphoreticuläres Gewebe. Die Entstehung von Karzinomen ist möglich.

Literatur

1. Bhaskar, S. N.: Synopsis of oral pathology. St. Luis, Missouri: Mosby. 1986.
2. Seifert, G.: Mundhöhle, Mundspeicheldrüsen, Tonsillen und Rachen. In: Spezielle pathologische Anatomie, Bd. 1. Berlin, Heidelberg, New York: Springer. 1966.
3. Seifert, G., Burkhardt, A.: Orale Krebsvorstadien. Verh. Dtsch. Ges. Pathol. *63*, 74–96 (1979).
4. Wahi, P. N., Cohen, B., Luthra, U. K., Torloni, H.: Histological typing of oral and oropharyngeal tumours. (International Histological Classification of Tumours, No. 4.) Geneva: World Health Organization. 1971.

2.2 Tumoren der Speicheldrüsen

W. Feigl, F. Asboth, F. Beer, R. Ullrich und *M. Susani*

I. Epithelial

A. Benign*
1. Pleomorphes Adenom*
2. Myoepitheliom   M 89820
3. Basalzelliges Adenom   M 81470
4. Adenolymphom (Warthin-Tumor)*   M 85610
5. Onkozytäres (oxyphiles) Adenom*   M 82900
6. Kanalikuläres Adenom   M 81900
7. Talgdrüsenadenom   M 84100
8. Duktales Papillom
    a. Invertiertes duktales Papillom   M 80530
    b. Intraduktales Papillom   M 85030
    c. Papilläres Sialoadenom   M 82600
9. Zystadenom   M 84400
    a. Papilläres Zystadenom   M 84500
    b. Muzinöses Zystadenom   M 84700
10. Andere

B. Malign*
1. Azinuszellkarzinom*   M 85503
2. Mukoepidermoidkarzinom*   M 84303
3. Adenoid-zystisches Karzinom (Zylindrom)   M 82003
    a. Glandulär/Tubulär   M 82113
    b. Solid
4. Polymorphes niedrig-malignes Adenokarzinom der Endstücke
5. Epithelio-myoepitheliales Karzinom   M 85623
6. Basalzell-Adenokarzinom   M 81473
7. Talgdrüsenkarzinom   M 84103
8. Papilläres Kystadenokarzinom   M 84503
9. Muzinöses Adenokarzinom   M 84803
10. Onkozytäres Karzinom   M 82903
11. Speicheldrüsengangkarzinom   M 85003
12. Adenokarzinom   M 81403
13. Myoepitheliales Karzinom (malignes Myoepitheliom)   M 89823
14. Karzinom im pleomorphen Adenom*   M 89413
15. Plattenepithelkarzinom   M 80703
16. Kleinzelliges Karzinom   M 80413
17. Undifferenziertes Karzinom   M 80203
18. Andere

II. Mesenchymal (siehe Tumoren der Weichgewebe)

III. Tumoren der peripheren Nerven (siehe dort)

IV. Tumoren des blutbildenden und lymphatischen Gewebes (siehe dort)

V. Metastatisch   M ___ 6

VI. Unklassifiziert   M 8000_

VII. Tumorartig

    1. Sialoadenose   M 71000
    2. Onkozytäre Metaplasie   M 73050
    3. Nekrotisierende Sialometaplasie (Speicheldrüseninfarkt)*
    4. Benigne lymphoepitheliale Veränderung
       (Sjögren, Mikulicz)   M 72240
    5. Lipomatöse Pseudohypertrophie (Lipomatosis NOS)*   M 74100
    6. Speicheldrüsenzysten
       a. Mukozele der kleinen Speicheldrüsen   M 33200
       b. Speicheldrüsengangcyste (Retentionszyste)   M 33400
       c. Lymphoepitheliale Zyste   M 33400
       d. Dysontogenetische Zysten   M 26500
    7. Chronisch sklerosierende Sialoadenitis
       der Glandula submandibularis (Küttnertumor)
    8 Zystisch-lymphoepitheliale Hyperplasie bei AIDS

Erläuterungen

I.A. Die Unterteilung in monomorphe und pleomorphe Adenome entfällt. Das „hellzellige" Adenom wird nicht mehr getrennt angeführt, hellzellige Veränderungen kommen im pleomorphen Adenom, onkozytären (oxyphilen) Adenom, in der multifokalen nodulären onkozytären Hyperplasie und im Talgdrüsenadenom vor.

I.A.1. Der alte Begriff „Mischtumor" kann in Klammer verwendet werden.

I.A.4. Der Begriff „Zystadenolymphom" kann für die zystische Variante des Adenolymphoms verwendet werden.

I.A.5. Pleomorphe Adenome mit onkozytärer Metaplasie sind häufiger als onkozytäre Adenome selbst.

I.B. Differentialdiagnostische Schwierigkeiten machen Basalzelltumoren, wobei sich die Karzinome durch ihr invasives Wachstum von den Adenomen abgrenzen lassen. Bei klarzelligen Tumoren kann es sich um Mukoepidermoidkarzinome, Azinuszellkarzinome, epithelio-myoepitheliale Karzinome sowie um Metastasen eines Nieren- oder Schilddrüsenkarzinoms handeln. Als selten gelten 4., 5., 8., 9., und 11.

I.B.1. und 2. Der Begriff „Azinuszelltumor" wie auch der Begriff „Mukoepidermoidtumor" sollten zugunsten von Azinuszellkarzinom und Mukodermoidkarzinom aufgegeben werden, da diese Tumoren sowohl zum Rezidiv neigen als auch Metastasen setzen können. Zum Teil werden diese Begriffe noch in der Literatur verwendet.

Die Mukoepidermoidkarzinome werden in solche mit niedrigen und hohen Malignitätsgrad unterteilt.

I.B.14. Bei Karzinomen im pleomorphen Adenom werden 3 Varianten unterschieden:

– Nicht-invasives Karzinom
– Invasives Karzinom
– Karzinosarkom.

Das „metastasierende pleomorphe Adenom" stellt eine seltene Entität ohne klare Malignitätskriterien des Primärtumors dar.

V.3. Veränderungen, die nicht mit dem Plattenepithelkarzinom oder einem Mukoepidermoidkarzinom verwechselt werden dürfen.

V.5. Starke Fettdurchwachsung (lipomatöse Pseudohypertrophie) und Sialoadenosen finden sich bei Stoffwechselstörungen. (z. B. Leberzirrhose).

Topographie – Codierung

snomed	Lokalisation
T 55000	Speicheldrüse
T 55100	Parotis
T 55200	Gl. sublingualis
T 55300	Gl. submandibularis
T 55400	kleine Speicheldrüsen

T N M – Staging

Speicheldrüsen	
T1	≤ 6 cm
T2	> 2 bis 4 cm
T3	> 4 bis 6 cm
T4	> 6 cm
N1	Ipsilateral solitär ≤ 3 cm
N2	Ipsilateral solitär > 3 bis 6 cm
	Ipsilateral multipel ≤ 6 cm
	Bilateral, kontralateral ≤ 6 cm
N3	> 6 cm

T1, T2, T3, T4 unterteilt in
a) keine lokale Ausbreitung
b) lokale Ausbreitung

Literatur

1. Seifert, G., Sobin, L. H.: Histological typing of salivary gland tumours, 2nd edn. (International Classification of Tumours, No. 7.). WHO. 1991.

2.3 Odontogene Tumoren, Kieferzysten und verwandte Veränderungen

G. Syre

I. Odontogene Tumoren

A. Benign

1. Ameloblastom*	M 93100
2. Ameloblastisches Fibrom	M 93300
3. Adenoameloblastom	M 93000
4. Verkalkender epithelialer odontogener Tumor	M 93400
5. Dentinom	M 92710
6. Ameloblastisches Fibroodontom	M 92900
7. Ameloblastisches Odontom	M 93110
8. Komplexes Odontom	M 92820
9. Zusammengesetztes Odontom	M 92810
10. Odontogenes Fibrom	M 93210
11. Odontogenes Myxom	M 93200
12. Zementome	M 93200
a. Benignes Zementoblastom	M 92730
b. Zementofibrom	M 92740
c. Periapikale Zementdysplasie	M 74870
d. Riesenzelliges Zementom	M 92750
13. Melanotischer neuroektodermaler Tumor des Kindesalters	M 93630

B. Malign

1. Odontogene Karzinome	
a. Malignes Ameloblastom	M 93103
b. Primäres intraossäres Plattenepithelkarzinom	M 92703
c. Andere	M 92703
2. Odontogene Sarkome	
a. Ameloblastisches Fibrosarkom	M 93303
b. Ameloblastisches Odontosarkom	M 92903

II. Ossäre Tumoren (siehe auch Tumoren des Knochens und Knorpels)

A. Benign

1. Ossifizierendes Fibrom	M 92620
2. Andere	

III. Tumorartig

1. Ossär	
a. Fibröse Dysplasie	M 74910

b. Zentrales Riesenzellgranulom	M 44130
c. Cherubismus	M 70980
d. Aneurysmatische Knochenzyste	M 33640
e. Einfache Knochenzyste	M 33400
2. Odontogene Zysten*	M 26520
a. Dysgenetisch	
i. Primordialzyste (Keratozyste)	M 26530
ii. Gingivale Zyste	M 26540
iii. Follikuläre Zyste	M 26560
iv. Durchbruchszyste	M 26550
v. Kalzifizierende odontogene Zyste	
b. Entzündlich	
i. Radikuläre Zyste	M 43800
3. Nicht odontogene Zysten*	
a. Nasopalatinale Zyste	M 26600
b. Globomaxilläre Zyste	M 26600
c. Nasolabiale Zyste	M 26600
4. Andere	

Topographie – Codierung

snomed	*Lokalisation*
T 54000	Zahn, Gingiva und Periodontium
T 54010	Zahn
T 54040	Zahnwurzel
T 54910	Zahnfleisch
T 54990	Periodont

Erläuterungen

I.A.1. Da keine Korrelation zwischen dem histologischen Muster der Ameloblastome und deren klinischem Verlauf besteht, wurde auf eine weitere Unterteilung verzichtet.
III.2./3. Bei den Kieferzysten sollte berücksichtigt werden, daß eine Klassifikation nur unter Einbeziehung der Klinik und der Topographie möglich ist.

Literatur

1. Donath, K.: Diagnose, Differentialdiagnose und Prognose odontogener Kieferzysten. Pathologe *1*, 63–70 (1980).
2. Pindborg, J. S., Kramer, I. R. H.: Histological typing of odontogenic tumours, jaw cysts, and allied lesions. (International histological classification of tumours, No. 5.) Geneva: World Health Organization. 1971.

2.4 Tumoren des Ösophagus

O. Dietze, H. Denk, W. Leibl, M. Klimpfinger und *H. Hanak*

I. Epithelial

A. Benign
    1. Plattenepithelpapillom   M 80520
    2. Adenom*   M 81400

B. Intermediär*
    1. Intraepitheliale   M 80722
        Plattenepithelneoplasie Grad I–III (WHO: Dysplasie)
    2. Dysplasie im Barett-Ösophagus   M 80722

C. Malign
    1. Plattenepithelkarzinom   M 80703
        Variante:
           a. Verruköser Typ   M 80513
           b. Spindelzelliger Typ   M 80743
    2. Adenokarzinom*   M 81403
    3. Adenosquamöses Karzinom   M 85603
    4. Mukoepidermoides Karzinom   M 84303
    5. Adenoid-zystisches Karzinom   M 82003
    6. Kleinzelliges Karzinom   M 80413
    7. Undifferenziertes Karzinom   M 80203
    8. Andere

II. Mesenchymal (siehe auch Tumoren der Weichgewebe)

A. Benign
    1. Leiomyom   M 88900
    2. Andere

B. Malign
    1. Leiomyosarkom   M 88903
    2. Andere

III. Verschiedene

    1. Granularzelltumor   M 95800
    2. Karzinosarkom   M 89803
    3. Malignes Melanom   M 87203
    4. Andere

IV. Endokrine Tumoren (siehe Tumoren des Dünndarms)

V. Tumoren der peripheren Nerven (siehe dort)

VI. Tumoren des blutbildenden und lymphatischen Gewebes (siehe dort)

VII. Metastatisch   M ___6

VIII. Unklassifiziert   M 8000_

IX. Tumorartig

1. Magenschleimhautheterotopie	M 26080
2. Glykogenakanthose	M 72000
3. Zysten	M 33400
a. Kongentinale Zysten	M 26500
b. Retentionszysten	
4. Fibrovaskulärer (fibröser) Polyp	M 86806
	M (76810)
5. Entzündlicher fibroider Polyp	
6. Diffuse Leiomyomatose	M 88950
7. Andere	

Topographie – Codierung

snomed	*Lokalisation*
T 62000	Oesophagus
T 62100	Pars cervicalis
T 62200	Pars thoracalis
T 62300	Pars abdominalis
T 62400	Periösophageales Gewebe

T N M – Staging

Ösophagus	
T1	Lamina propria, Submukosa
T2	Muscularis propria
T3	Adventitia
T4	Nachbarstrukturen
N1	Regionär

Erläuterungen

I.B. Grad angeben: leicht, mittelgradig, schwer.
I.A.2. und I.C.2. Veränderungen, die meist nur bei Barrett Ösophagus vorkommen.

Literatur

1. Morson, B. C., Dawson, I. M. P., Day, D. W., Jass, J. R., Price, A. B., Williams, G. T.:
   Morson & Dawson's gastrointestinal pathology. 3rd edn. Oxford, London, Edinburgh,
   Boston, Melbourne: Blackwell Scientific Publications. 1990.
2. Watanabe, H., Jass, J. R., Sobin, L. H.: Histological typing of oesophageal and gastric
   tumours. (International histological classification ot tumours, No. 18) 2nd edn. Berlin, Heidelberg, New York, London, Paris, Tokyo, Hong Kong: Springer. 1990.

2.5 Tumoren des Magens

M. Klimpfinger, O. Dietze, H. Denk, H. Hanak und *W. Leibl*

I. Epithelial

A. Benign
1. Adenome*   M 81400
   a. Tubulär   M 82110
   b. Villös   M 82610
   c. Tubulo-villös   M 82630
2. Andere

B. Malign
1. Adenokarzinom*   M 81403
   a. Tubulär   M 82113
   b. Papillär   M 82603
   c. Muzinös   M 84803
   d. Siegelringzellig   M 84903
2. Adenosquamöses Karzinom   M 85603
3. Plattenepithelkarzinom   M 80703
4. Kleinzelliges Karzinom*   M 80413
5. Undifferenziertes Karzinom*   M 80203
6. Andere

II. Mesenchymal (siehe auch Tumoren der Weichgewebe)

A. Benign
1. Leiomyom   M 88900
   a. Epitheloides Leiomyom (benignes Leiomyoblastom)*
2. Lipom   M 88500
3. Andere

B. Malign
1. Leiomyosarkom*   M 88903
   a. Epitheloides Leiomyosarkom (malignes Leiomyoblastom)
2. Andere

III. Endokrine Tumoren (siehe Tumoren des Dünndarms)

IV. Tumoren der peripheren Nerven (siehe auch dort)

A. Benign
1. Neurilemom   M 95600
2. Andere

B. Malign
1. Malignes Neurilemom (malignes Schwannom,
   neurogenes Sarkom)   M 95603
2. Andere

V. Tumoren des blutbildenden und lymphatischen Gewebes (siehe dort)

VI. Verschiedene

VII. Metastatisch   M ____6

VIII. Unklassifiziert   M 8000_

IX. Tumorartig

1. Fokale foveoläre Hyperplasie	M 71330
2. Hyperplasiogener Polyp (hyperplastischer Polyp)	M 72040
3. Riesenfaltengastritis (Mb. Ménétrier)	M 71330
4. Corpus-Drüsenzysten	
5. Entzündlicher fibroider Polyp	M 76830
6. Heterotopien	M 26000
7. Hamartome	M 75500
8. Andere	

Topographie – Codierung

snomed	*Lokalisation*
T 63000	Magen
T 63210	kleine Kurvatur
T 63220	große Kurvatur
T 63300	Cardia
T 63400	Fundus
T 63500	Corpus
T 63600	Antrum pyloricum
T 63860	großes Netz
T 63870	kleines Netz

T N M – Staging

Magen	
T1	Lamina propria, Submukosa
T2	Muscularis propria, Subserosa
T3	Penetration der Serosa
T4	Nachbarstrukturen
N1	Perigastrisch ≤ 3 cm vom Tumor
N2	> 3 cm vom Tumor, entlang Aa. gastrica sinistra, hepatica communis, lienalis oder coeliaca

Erläuterungen

I.A.1. Dysplasiegrad angeben: gering – mittel – hoch. Der schweren Dysplasie wird eine intermediäre Dignität zugeordnet. Da schwere Dysplasien häufig in der Umgebung von invasiven Karzinomen gefunden werden, sind ausgedehnte Rebiopsien zum Ausschluß eines invasiven Prozesses zu empfehlen.

I.B. Zusätzlich zur WHO- muß die Laurén-Klassifikation angegeben werden. Bei gleichzeitigem Vorliegen verschiedener Tumortypen ist das histologische Typisierung nach dem überwiegenden Tumortyp durchzuführen und die übrigen Komponenten zusätzlich anzuführen.

Gewebsreife angeben: hoch – mittel – niedrig – undifferenziert

I.B.1. Adenokarzinom = histologischer Typ, a.–d. = histologische Subtypen des Adenokarzinoms.

I.B.4. und 5. Kleinzelliges und undifferenziertes Magenkarzinom: Diagnose immunhistochemisch absichern.

Parallel zur WHO-Klassifikation ist unbedingt die Laurén-Klassifikation anzugeben, da sich die chirurgische Therapie wesentlich nach dem Laurén-Typ ausrichtet:

a) intestinaler Typ nach Laurén (chir.Resektionsabstände 4–6 cm in situ)

b) diffuser Typ nach Laurén (chir.Resektionsabstände 8–10 cm in situ)

Für Operationspräparat: zusätzliche Ming-Klassifikation empfehlenswert.

Staging: Klassifikation nach den pTNM-Kategorien der UICC, bei genauen klinischen Angaben soll das Tumorstadium nach UICC sowie die R-Klassifikation angegeben werden. Die Tumoren der pT1-Kategorie nach UICC entsprechen dem Magenfrühkarzinom, die Tumoren der Kategorien pT2-4 dem fortgeschrittenen Magenkarzinom unabhängig von den pN-Kategorien. Beim Magenfrühkarzinom soll zusätzlich der Mukosa- vom Submukosatyp unterschieden werden.

II. A und B: Sogenannte gastrointestinale Stromatumoren.

Literatur

1. Watanabe, H., Jass, J. R., Sobin, L. H.: Histological typing of oesophageal and gastric tumours. (International Histological Classification of tumours No. 18). Geneva. 2. edn. Berlin, Heidelberg, New York, London, Paris, Tokyo, Hong Kong: Springer. 1990.

2.6 Tumoren des Dünndarms

W. Leibl, M. Klimpfinger, H. Hanak, O. Dietze, H. Denk und *H. Höfler*

I. Epithelial

A. Benign
1. Adenom   M 81400
    a. Tubulär   M 82110
    b. Villös   M 82610
    c. Tubulo-villös   M 82630
2. Adenomatose*   M 82200

B. Malign
1. Adenokarzinom   M 81403
    a. Tubulär   M 82113
    b. Papillär   M 82603
    c. Muzinös   M 84803
    d. Siegelringzellig   M 84903
2. Undifferenziertes Karzinom   M 80203
3. Andere

II. Mesenchymal (siehe auch Tumoren der Weichgewebe)

A. Benign
1. Leiomyom   M 88900
    a. Epitheloides Leiomyom (benignes Leiomyoblastom)
2. Andere

B. Malign
1. Leiomyosarkom   M 88903
    a. Epitheloides Leiomyosarkom
      (malignes Leiomyoblastom)
2. Andere

III. Endokrine Tumoren*

1. Karzinoid*   M 82401
2. Mukokarzinoid*
3. Atypisches Karzinoid (=gut differenziertes neuro-endokrines
    Karzinom)*   M 82403
4. Niedrig differenziertes neuroendokrines Karzinom*   M 80413
    a. Kleinzelliges Karzinom
    b. (Mittel)-Großzelliges Karzinom
5. Adenokarzinom mit örtlich karzinoidem Bau*
    (= mischzelliges Karzinoid-Adenokarzinom)*

IV. Tumoren der peripheren Nerven (siehe dort)

V. Tumoren des blutbildenden und lymphatischen Gewebes (siehe dort)

VI. Verschiedene

VII. Metastatisch   M ___ 6

VIII. Unklassifiziert   M 8000_

IX. Tumorartig

1. Hamartome		M 75500
a. Peutz-Jeghers'Polyp/Polypose		M 75630
b. Andere		
2. Heterotopien		M 26000
3. Hyperplasie der Brunnerschen Drüsen		M 72440
4. Entzündlicher fibroider Polyp		
(eosinophiler granulomatöser Polyp)		M 76830
5. Lipohyperplasie der Valvula ileocoecalis		M 72550
6. Endometriose		M 76500
7. Hyperplasie endokriner Zellen*		
8. Andere		

Topographie – Codierung

snomed	Lokalisation
T 64000	Dünndarm
T 64200	Mesenterium
T 64300	Duodenum
T 64320	Brunner'sche Drüsen
T 64391	Papilla Vateri
T 65100	Jejunum
T 65200	Ileum
T 65300	Valv. ileocoecalis
T 65600	Merkel Divertikel

TNM – Staging

Dünndarm	
T1	Lamina propria/Submukosa
T2	Muscularis propria
T3	Subserosa/nichtperitonealisiertes perimuskuläres Gewebe (Mesenterium, Retroperitoneum) ≤ 2 cm
T4	Viszerales Peritoneum/andere Organe/Strukturen (einschl. Mesenterium, Retroperitoneum > 2 cm)
N1	Regionär

Erläuterungen

I.A.2. Syndrome: Gardner, Turcot u. a.

Definition der Adenomatose nach WHO: mehr als 100 Adenome.

III. Die Begriffe Apudom und Neurokristom anstelle von Karzinoid bzw. neuroendokriner Tumor sollen nicht mehr verwendet werden, da sie einen nicht für alle Tumoren gesicherte, neuroektodermale Abkunft voraussetzen und für die praktische Diagnostik keine Vorteile bringen. Zur Bestätigung der neuroendokrinen Differenzierung sind immunhistochemische Untersuchungen mit Antikörpern gegen neurospezifische Enolase, Phe5, Chromogranin A und Synaptophysin geeignet.

III.1. In dieser Gruppe sind argentaffine und argyrophile Tumoren zusammengefaßt. Für alle Karzinoide ist die systematische Anwendung der Immunhistochemie und damit eine funktionelle Klassifikation anzustreben. Das (Peptid-) Hormonmuster ist lokalisationsabhängig: In Tumoren des Vorderdarmes (Ösophagus, Magen Duodenum und proximales Jejunum) sind u. a. Somatostatin, ACTH, Gastrin, Glucagon, Serotonin und Histamin nachweisbar, in fast allen Tumoren des Mitteldarmes (distales Jejunum, Ileum und Appendix) können Serotonin und Substanz P nachgewiesen werden. Tumoren des Hinterdarmes (Kolon und Rektum) produzieren u. a. pankreatisches Polypeptid, Enteroglukagon, Somatostatin, Alpha-HCG und andere Peptide sowie vereinzelt 5-HT.

III.2. In dieser Gruppe sind schleimproduzierende Sonderformen, die vor allem in der Appendix und seltener im Magen auftreten und prognostisch zwischen klassischen Karzinoiden und Karzinomen einzustufen sind, zusammengefaßt. Aufgrund des histologischen Aufbaues lassen sich Becherzell-, Siegelringzell- und muzinöse Karzinoide (Gallertkarzinoide) unterscheiden. Als differentialdiagnostische Kriterien zur Abgrenzung gegen Adenokarzinome gelten der ruhige, organoide Tumoraufbau und der Nachweis zahlreicher endokriner Zellen (Appendix: 5-HT, Enteroglukagon, Substanz P und pankreatisches Polypeptid).

III.3. Mittel- bis großzellige Tumoren mit organoidem Bau ohne Schleimproduktion, deutlicher zellulärer Atypie, ohne Nekrosen und niedriger Mitosenzahl (1–10 pro 10 HPFs) zumeist im Kolorektum lokalisiert. Die Tumoren sind - wie die Mukokarzinoide- prognostisch zwischen Karzinoiden und niedrig differenzierten neuroendokrinen Karzinomen einzustufen.

III.4. Diese Tumoren, aufgebaut aus soliden oder trabekulären Tumorverbänden, wachsen rasch und metastasieren. Die Zellen enthalten nur spärlich endokrine Granula, die Reaktionen mit Antikörpern gegen Granulamatrixproteine fallen daher überlicherweise nur sehr schwach oder negativ aus. Die Produktion von (Peptid-) Hormonen ist ebenfalls lokalisationsabhängig (vgl. II.1.). Ihre Abgrenzung von atypischen Karzinoiden kann in einzelnen Fällen schwierig sein.

III.5. Es handelt sich um seltene Tumoren die histologisch die Kriterien der Adenokarzinome aufweisen, aber herdförmig eindeutigen karzinoiden Aufbau haben. Diese Tumoren sind abzugrenzen von (exokrinen) Karzinomen mit disseminiert eingestreuten endokrinen Zellen.

IX.7. Hiezu gehören die G- und EC-Zell Hyperplasie im Magen und Hyperplasie endokriner Zellen im Dünndarm bei Zöliakie. Multizentische mikronoduläre (kleiner als 5mm) Proliferation endokriner Zellen bei atrophischer Gastritis und bei neurogener Appendikopathie wird als Mikrokarzinoidose bezeichnet. Im Rahmen dieser Veränderungen entwickeln sich gehäuft Karzinoide.

Literatur

1. Bordi, C., Yu, J-Y., Baggi, M. T., Davoli, C., Pilato, F., Baruzzi, G., Gardini, G., Zamboni, G., Franzin, G., Papotti, M., Bussolati, G.: Gastric carcinoids and their precursor lesions. Cancer *67*, 663–672 (1991).
2. Fenoglio-Preis, C., et al.: Gastrointestinal Pathology. An atlas and text, S. 509–541. New York: Raven Press. 1989.
3. Gaffey, M., Mills, St., Lack, E.: Neuroendocrine carcinoma of the colon and rectum. Am. J. Surg. Pathol. *14* (11), 1010–1023 (1990).
4. Höfler, H., Klöppel, G., Heitz, Ph.: Combined production of mucus, amines, and peptides by goblet cell carcinoids of the appendix and ileum. Pathol. Res. Pract. *178*, 555–559 (1984).
5. Jass, J. R., Sobin, L. H.: Histological typing of intestinal tumours. 2nd. edn. Heidelberg, New York, London, Paris, Tokyo, Hong Kong: Springer. 1989.
6. Klöppel, G., Heitz, Ph. U.: Die disseminierten (diffusen) endokrinen Zellen. In: Spezielle pathologische Anatomie, Bd. 14/II, S. 1093–1126. Berlin, Heidelberg, New York: Springer. 1981.
7. Morson, B. C.: Alimentary Tract; Systemic Pathology, 3rd edn., vol. 3. Edinburgh, London, Melbourne, New York: Churchill Livingstone. 1987.
8. Solica, E., Bordi, C., Creutzfeldt, W.: Histo-pathological classification of nonantral gastric endocrine growth in man. Digestion *41*, 185–200 (1988).
9. Yang, G., Rotterdam, H.: Mixed (composite) glandular-endocrine cell carcinoma of the stomach. Am. J. Surg. Pathol. *15*(6), 592–598 (1991).

2.7 Tumoren des Dickdarms

M. Klimpfinger, W. Leibl, H. Hanak, H. Denk und *O. Dietze*

I. Epithelial

A. Benign
1. Adenom*   M 81400
   a. Tubulär   M 82110
   b. Villös   M 82610
   c. Tubulo-villös   M 82630
2. Adenomatose (familiäre adenomatöse Polypose)*   M 82200

B. Intermediär
1. Adenome mit schwerer Dysplasie   M 81402
2. Schwere Dysplasie assoziiert mit anderen Läsionen*

C. Malign
1. Adenokarzinom*   M 81403
   a. Tubulär   M 82113
   b. Papillär   M 82603
2. Muzinöses Adenokarzinom*   M 84803
3. Siegelringzellkarzinom*   M 84903
4. Plattenepithelkarzinom   M 80703
5. Adenosquamöses Karzinom   M 85603
6. Kleinzelliges Karzinom*   M 80413
7. Undifferenziertes Karzinom*   M 80203

II. Mesenchymale Tumoren (siehe auch Tumoren der Weichgewebe)

A. Benign
1. Leiomyom   M 88900
2. Lipom und Lipomatose   M 88500
3. Andere

B. Malign
1. Leiomyosarkom   M 88903
2. Andere

III. Endokrine Tumoren (siehe Tumoren des Dünndarms)

IV. Tumoren der peripheren Nerven (siehe dort)

V. Tumoren des blutbildenden und lymphatischen Gewebes (siehe dort)

VI. Metastatisch   M ___ 6

VII. Unklassifiziert   M 8000_

VIII. Tumorartig

1. Hyperplastischer Polyp	M 72040
2. Entzündlicher Polyp	M 76820
3. Solitäres oder multiples Rektumulkus	M 38000
4. Colitis cystica profunda	M 43800
5. Endometriose	M 76500
6. Hamartome	M 75500
a. Peutz Jeghers'Polyp/Polypose	M 75630
b. Juveniler Polyp/juvenile Polypose	M 75640
7. Heterotopien	M 26000
8. Andere	

Topographie – Codierung

snomed	*Lokalisation*
T 67000	Colon
T 67100	Coecum
T 67200	Colon ascendens
T 67400	Colon transversum
T 67600	Colon descendens
T 67700	Sigma
T 67800	Mesocolon

T N M – Staging

Kolon, Rektum	
T1	Submukosa
T2	Muscularis propria
T3	Subserosa, nicht peritonealisiertes perikolisches/ perirektales Gewebe
T4	Andere Organe oder Strukturen/viszerales Peritoneum
N1	≤ 3 perikolisch/perirektal
N2	> perikolisch/perirektal
N3	Lymphknoten an benanntem Gefäßstamm/apikale(r) Lymphknoten

Erläuterungen

I.A.1.a. Tubulär: mehr als 80% tubuläre Strukturen, **b.** villös: mehr als 80% villöse Strukturen, **c.** tubulo-villös: sowohl tubuläre als auch villöse Strukturen von jeweils mehr als 20%.

Dysplasiegrad angeben: leicht - mittel - schwer.

Dignität: repräsentative Aussage nur bei totaler Entfernung möglich.

I.A.2. Adenomatose auch im Rahmen von Gardner und Turcot-Syndrom. Definition der Adenomatose nach WHO: mehr als 100 Adenome (strikt von multiplen Adenomen trennen).

I.B.2. v. a. bei chronisch entzündlichen Darmerkrankungen (v. a. Colitis ulcerosa, seltener Mb. Crohn, Strahlenkolitis etc.). Bei hochgradig florider Entzündung von entzündlich-reaktiven Veränderungen zu unterscheiden (Cave „Overgrading", oft Rebiopsie nach Abklingen der Entzündung notwendig).

I.C. siehe I.A.1.

I.C.2. mehr als 50% des Tumors mit extrazellulärer Verschleimung.

I.C.3. mehr als 50% des Tumors aus Siegelringzellen aufgebaut.

I.C.6.u.7. Diagnose kleinzelliges und undifferenziertes Karzinom ist immunhistochemisch abzusichern.

Klassifikation nach pTNM-Kategorien der UICC, bei genauen klinischen Angaben soll das Tumorstadium nach UICC sowie die R-Klassifikation angegeben werden.

Bei endoskopisch oder chirurgisch lokal abgetragenen Karzinomen (v. a. Adenom mit invasivem Karzinom) muß im Befund zusätzlich auf Vorliegen oder Fehlen von Lymphgefäßeinbrüchen eingegangen werden. Bei Fehlen von Lymphgefäßeinbrüchen und niedrigem Malignitätsgrad gilt eine lokale Abtragung im Gesunden als ausreichend, sofern es sich nicht um ein muzinöses Adenokarzinom handelt.

Literatur

1. Jass, J. R., Sobin, L. H.: Histological typing of intestinal tumours. (International histological classification of tumours, No. 15). Geneva: World Health Organization 2. edn. Berlin, Heidelberg, New York, London, Paris, Tokyo, Hong Kong: Springer. 1989.
2. Spiessl, B., Beahrs, O. H., Hermanek, P., Hutter, R. V., Scheibe, O., Sobin, L. H., Wagner, G. (eds.): TNM-Atlas – Illustrierter Leitfaden zur TNM/pTNM-Klassifikation maligner Tumoren. UICC. 2. Aufl. Berlin, Heidelberg, New York, London, Paris, Tokyo, Hong Kong: Springer. 1990.

2.8 Tumoren der Appendix

W. Leibl, M. Klimpfinger, H. Hanak, O. Dietze und *H. Denk*

I. Epithelial

A. Benign
1. Adenom	M 81400
a. Tubulär	M 82110
b. Villös	M 82610
c. Tubulo-villös	M 82630
2. Muzinöses Zystadenom*	M 84700

B. Malign
1. Adenokarzinom	M 81403
a. Tubulär	M 82113
b. Papillär	M 82603
c. Muzinös	M 84803
d. Siegelringzellkarzinom	M 84903
2. Undifferenziertes Karzinom	M 80203

II. Mesenchymal (siehe auch Tumoren der Weichgewebe)

III. Endokrine Tumoren

1. Karzinoid*	M 82401
2. Mukokarzinoid *	
3. Atypisches Karzinoid (= gut differenziertes neuroendokrines Karzinom)*	M 82403
4. Niedrig differenziertes neuroendokrines Karzinom*	M 80413
a. Kleinzelliges Karzinom	
b. (Mittel)-Großzelliges Karzinom	
5. Adenokarzinom mit örtlich karzinoidem Bau* (= mischzelliges Karzinoid-Adenokarzinom)*	

IV. Tumoren der peripheren Nerven (siehe dort)

V. Tumoren des blutbildenden und lymphatischen Gewebes (siehe dort)

VI. Metatstatisch   M ___6

VII. Unklassifiziert   M 8000_

VIII. Tumorartig

1. Mukozele (obstruktiv)*	M 33200
2. Endometriose	M 76500

3. Hyperplastischer Polyp   M 72040
4. Hamartome   M 93510
5. Andere

Topographie – Codierung

snomed	*Lokalisation*
T 66000	Appendix
T 66100	Mesoappendix

T N M – Staging

siehe Tumore des Dickdarms

Erläuterungen

I.A.2. Unterschied zur (obstruktiven) Mukozele ist das Vorliegen eines neoplastischen Prozesses des Epithels.
III. siehe entsprechende Erläuterungen im Kapitel Dünndarm.
VIII.3. siehe I.A.2.

Literatur

1. Jass, J. R., Sobin, L. H.: Histological typing of intestinal tumours. 2nd edn. Heidelberg, New York, London, Paris, Tokyo, Hong Kong: Springer. 1989.
2. Morson, B. C.: Alimentary tract; Systemic pathology, 3rd edn., vol. 3. Edingburgh, London, Melbourne, New York: Churchill Livingstone. 1987.

2.9 Tumoren des Analkanales und des Analrandes

W. Leibl, M. Klimpfinger, H. Hanak, O. Dietze und *H. Denk*

I. Epithelial

A. Benign
    1. Plattenepithelpapillom   M 80520
    2. Andere

B. Intermediär, Analkanal
    1. Intraepitheliale Neoplasie
        Grad I-II (Dysplasie)*   M 74000
    2. Intraepitheliale Neoplasie
        Grad III (Carcinoma in situ)*   M 80702

C. Malign
    1. Analkanal
        a. Plattenepithelkarzinom   M 80703
            i. Großzellig verhornend
            ii. Großzellig nicht verhornend
            iii. Basaloides Karzinom*   M 81233
        b. Mukoepidermoides Karzinom*   M 84303
        c. Adenokarzinom: M 81403
            i. vom Rektaltyp
            ii. der analen Drüsen
            iii. in anorectaler Fistel
        d. Undifferenziertes Karzinom   M 80203
        e. Andere
    2. Analrand (siehe Tumoren der Haut)

II. Mesenchymal (siehe Tumoren der Weichgewebe)

III. Verschiedene

IV. Metastatisch   M ___6

V. Unklassifiziert   M 8000_

VI. Tumorartig

    1. Kondylom   M 76720
    2. Entzündungsassoziierte Epithelhyperplasie
       (pseudoepitheliomatöse Hyperplasie)   M 72090
    3. Fibröser Polyp   M 76810
    4. Hämorrhoidalpolyp
    5. Oleogranulom   M 44040
    6. Malakoplakie   M 43180
    7. Andere

Topographie – Codierung

snomed	*Lokalisation*
T 68000	Rectum
T 68060	perirectales Gewebe
T 68100	Ampulla recti
T 69000	Anus
T 69200	perianales Gewebe

T N M – Staging

Analkanal	
T1	≤ 2 cm
T2	> 2 bis 5 cm
T3	> 5 cm
T4	Nachbarorgan(e)
N1	Perirektal
N2	Unilateral an A. iliaca interna/inguinal
N3	Perirektal und inguinal, bilateral an A. iliaca interna/ inguinal

Erläuterungen

I.B. Einteilung in leichte, mittelgradige und schwere Dysplasie analog Cervix, meist in der Transitionalzone oberhalb Linea dentata.
I.C.1.a.i. Abgrenzen vom gewöhnlichen Plattenepithelkarzinom und Gewebsreife angeben: hoch, mittel, nieder.

Literatur

1. Jass, J. R., Sobin, L. H.: Histological typing of intestinal tumours. 2nd edn. Heidelberg, New York, London, Paris, Tokyo, Hong Kong: Springer. 1989.
2. Morson, B. C., Alimentary tract; Systemic pathology, 3rd edn., vol. 3. Edinburgh, London, Melbourne, New York: Churchill Livinstone. 1987.

2.10 Tumoren der Leber

H. Denk, M. Klimpfinger, H. Hanak, H. Leibl und *O. Dietze*

I. Epithelial

A. Benign
1. Leberzelladenom*   M 81700
2. Gallengangsadenom   M 81600
3. Gallengangszystadenom   M 81610

B Malign
1. Hepatozelluläres Karzinom   M 81703
   a. Trabekulär
   b. Tubulär
   c. Solid
   d. Fibrolamellär*
   e. Andere
2. Cholangiozelluläres Karzinom   M 81803
   a. Tubulär
   b. Muzinös
   c. Siegelringzellig
   d. Adenosquamös
   e. Mukoepidermoid
   f. Gallengangszystadenokarzinom
3. Mischformen zwischen B1 und B2   M 81803
4. Undifferenziertes Karzinom   M 80203
5. Andere

II. Mesenchymal (siehe auch Tumoren der Weichgewebe)

A. Benign
1. Hämangiom   M 91200
2. Andere

B. Malign
1. (Haem-) Angiosarkom   M 91203
2. Andere

III. Hepatoblastom

1. Epithelial   M 89703
   a. Embryonal
   b. Fetal
2. Gemischt

IV. Tumoren des blutbildenden und lymphatischen Gewebes (siehe dort)

V. Verschiedene

VI. Metastatisch   M ____6

VII. Unklassifiziert   M 8000_

VIII. Tumorartig

      1. Hamartome   M 93510
        a. Mesenchymales Hamartom
        b. Gallengangshamartom
        c. Andere
      2. Angeborene Gallengangszyste   M 26500
      3. Fokal noduläre Hyperplasie*   M 63570
      4. Noduläre regenerative Hyperplasie*   M 72190
      5. Peliosis hepatis   M 37050
      6. Echinokokkus   M 47260
      7. Heterotopien   M 26000
        a. Nebenniere
        b. Pankreas
        c. Andere
      8. Andere

Topographie – Codierung

snomed	*Lokalisation*
T 56000	Leber
T 56010	rechter Leberlappen
T 56020	linker Leberlappen
T 56070	Leberpforte

T N M – Staging

Leber	
T1	Solitär /≤ 2 cm/ohne Gefäßinvasion
T2	Solitär/ ≤ 2 cm/mit Gefäßinvasion
	Multipel/ ein Lappen/ ≤ 2 cm/ohne Gefäßinvasion
	Solitär/ > 2 cm/ohne Gefäßinvasion
T3	Solitär/ > 2cm/mit Gefäßinvasion
	Multipel, ein Lappen/ ≤ 2cm/mit Gefäßinvasion
	Multipel, ein Lappen/ > 2cm/mit oder ohne Gefäß-invasion
T4	Multipel/ > ein Lappen
	Invasion größerer Äste der V. portae oder Vv. hepaticae
N1	Regionär

Erläuterungen

I.A.1. Meist Beziehung zur hormonellen Kontrazeption, selten bei Glykogenspeicherkrankheit Typ I und Galaktosämie.

I.B.1.d. Bei jüngeren Patienten ohne Zirrhose; wesentlich bessere Prognose als die anderen hepatozellulären Karzinome.

VIII.3. Einzeln oder multipel (üblicherweise unter 5 cm Durchmesser), scharf umschrieben, zentrale sternförmige Narbe. Histologisch Narben mit Gefäßkonvoluten, bindegewebige Septierung, proliferierende Ductuli und verbreiterte Leberzellplatten. Nekrosen und Blutungen, im Gegensatz zum Adenom sehr selten.

VIII.4. Häufig portale Hypertension, häufig idiopathisch, gelegentlich aber mit bestimmten Erkrankungen oder Medikamenteneinnahme assoziiert. Meistens die gesamte Leber betroffen: Knoten von 1 bis 40 mm Durchmesser. Histologisch normal breite Leberzellplatten, hyperplastische Leberzellen, lobuläre Grundarchitektur. In größeren Knoten Portalfelder und Zentralvenen. Keine Hinweise auf Lebergrunderkrankung.

Literatur

1. Berman, M. M., Libbey, N. P., Foster, J. H.: Hepatocellular carcinoma. Polygonal cell type with fibrous stroma – an atypical varant with a favorable prognosis. Cancer *46,* 1448–1455 (1980).
2. Craig, J. R., Peters, R. L., Edmondson, H. A., Omata, M.: Fibrolamellar carcinoma of the liver: A tumor of adolescents and young adults with distinctive clinico-pathologic features. Cancer *46,* 372–379 (1980).
3. Craig, J. R., Peters, R. L., Edmondson, H. A.: Tumors of the liver and intrahepatic bile ducts. Washington D.C.: AFIP. 1989 (sec. series).
4. Gibson, J. B., Sobin, L. H.: Histological typing of tumours ot the liver, biliary tract and pancreas. (International histological classification of tomours, No. 20.) Geneva: World Health Organization. 1978.

2.11 Tumoren der Gallenblase und extrahepatischen Gallenwege

O. Dietze, H. Hanak, W. Leibl, H. Denk und *M. Klimpfinger*

I. Epithelial

A. Benign
   1. Adenom*   M 81600
      a. Tubulär
      b. Papillär
      c. Tubulopapillär
   2. Zystadenom   M 81610

B. Malign *
   1. Adenokarzinom   M 81603
      a. Tubulär   M 82113
      b. Papillär   M 82603
      c. Muzinös   M 84803
      d. Siegelringzellkarzinom   M 84903
      e. Adenokarzinom vom intestinalen Typ   M 81443
   2. Plattenepithelkarzinom   M 80703
   3. Adenosquamöses Karzinom   M 85603
   4. Hellzelliges Adenokarzinom   M 83103
   5. Kleinzelliges Karzinom   M 80413
   6. Undifferenziertes Karzinom   M 80203
   7. Andere

II. Mesenchymal (siehe Tumoren der Weichgewebe)

III. Endokrine Tumoren (siehe Tumoren des Dünndarms)

IV. Tumoren der peripheren Nerven (siehe dort)

V. Verschiedene
   1. Karzinosarkom   M 89803
   2. Malignes Melanom   M 87203
   3. Andere

VI. Tumoren des blutbildenden und lymphatischen Gewebes (siehe dort)

VII. Verschiedene

VIII. Metastatisch   M ___6

IX. Unklassifiziert   M 8000_

X. Tumorartig

1. Adenomyomatöse Hyperplasie	M 72440
2. Metaplasien	M 73320
3. Heterotopien	M 26000
4. Fibroxanthogranulom	M 44040
5. Lipoidose	M 52130
6. Cholezystitis mit lymphatischer Hyperplasie	M 72200
7. Gangzysten	M 26500
8. Primär sklerosierendem Cholangitis	M 45000
10. Andere	

Topographie – Codierung

snomed	*Lokalisation*
T 57000	Gallenblase
T 58000	Gallengang
T 58100	Ductus hep. comm.
T 58200	Ductus hep. dex.
T 58300	Ductus hep. sin.
T 58500	Ductus choledochus
T 58700	Ampulla Vateri

T N M – Staging

Gallenblase	
T1	Gallenblasenwand
T1a	Schleimhaut
T1b	Muskulatur
T2	Perimuskulär
T3	Serosa und/oder ein Organ (Leber $\leq$ 2 cm)
T4	2 oder mehrere Organe oder Leber > 2 cm
N1	Ligamentum hepatoduodenale
N2	Andere regionäre Lymphknoten

Extrahepatische Gallengänge	
T1	Gangwand
T1a	Schleimhaut
T1b	Muskulatur
T2	Perimuskulär
T3	Nachbarstrukturen
N1	Ligamentum hepatoduodenale
N2	Andere regionäre Lymphknoten

Ampulla Vateri	
T1	Nur Ampulla
T2	Duodenalwand
T3	Pankreas ≤ 2 cm
T4	Pankreas > 2 cm, andere Organe
N1	Regionär

Klassifikation von Karzinomen des Ductus Hepaticus – „Klatskin Tumoren" (1) – nach anatomischer Lokalisation (2)

Typ I   Tumor des proximalen D.Hepaticus ohne Befall der Bifurkation

Typ II   Tumor im Bereich der Bifurkation

Typ III Befall der Bifurkation und von Segmentästen eines Leberlappens

Typ IV   Befall der Bifurkation und von Segmentästen beider Leberlappen

Erläuterungen

I.A.1. An der Papilla Vateri sind Adenome selten. In oberflächlichen Biopsien erfaßte „Adenomanteile" sind häufig hochdifferenzierte Adenokarzinome mit exophytischem Wachstum.

Literatur

1. Albores-Saavedra, J., Henson, D. E., Sobin, L. H.: Histological typing of tumors of the gallbladder and extrahepatic bile ducts. 2nd edn. Berlin, Heidelberg, New York, London, Paris, Tokyo, Hong Kong, Barcelona: Springer. 1990.
2. Klatskin, G.: Adenocarcinoma of the hepatic duct at its bifurcation within the porta hepatis. Am. J. Med. *38,* 241-56 (1965).
3. Bismuth, H., Castaing, D., Traynor, O.: Resection or papillation: Priority of surgery in the treatment of hilar cancer. World J. Surg. *12,* 39-47 (1988).
4. Spiessl, B., Beahrs, O. H., Hermanaek, P., Hutter, R. V. P., Scheibe, O., Sobin, L. H., Wagner, G.: TNM-Atlas. 2. Aufl. Berlin, Heidelberg, New York, London, Paris, Tokyo, Hong Kong: Springer.

2.12 Tumoren des exokrinen Pankreas

G. Mikuz, A. R. Weger und *A. Chott*

I. Epithelial

A. Benign
    1. Duktales Adenom   M 81400
        a. Tubulär   M 82110
        b. Intraduktales Papillom*   M 82600
    2. Zystadenom   M 84400
        a. Mikrozystisches seröses Adenom*   M 84411
        b. Muzinöses Zystadenom*   M 84700
    3. Azinäres Adenom   M 85500

B. Malign
    1. Differenzierte duktale Karzinome   M 81403
        a. Tubuläres Adenokarzinom*   M 82113
        b. Seröses Zystadenokarzinom   M 84413
        c. Muzinöses Zystadenokarzinom   M 84703
        d. Siegelringzellkarzinom   M 84903
        e. Adenosquamöses Karzinom   M 85603
        f. Plattenepithelkarzinom   M 80703
        g. Onkozytäres Karzinom   M 82903
    2. Pleomorphe duktale Karzinome   M 80223
        a. Großzelliger Typ*   M 80313
        b. Großzelliger Typ mit osteoklastenartigen Riesenzellen   M 80333
    3. Azinäre Karzinome*   M 85503
        a. Azinuszellkarzinom
        b. Azinäres Zystadenokarzinom
    4. Gemischte endokrine-nichtendokrine Karzinome*   M _____
    5. Verschiedene
        a. Pankreatoblastom*   M _____
        b. Kleinzelliges anaplastisches (neuroendokrines) Karzinom*   M 80413
        c. Solid-zystischer (papillärer) Tumor*   M _____

II. Mesenchymal (siehe Tumoren der Weichgewebe)

III. Tumoren des endokrinen Pankreas (siehe dort)

IV. Tumoren des blutbildenden und lymphatischen Gewebes (siehe dort)

V. Metastatisch   M ___6

VI. Unklassifiziert   M 8000_

VII. Tumorartig   M 03090

1.	Zysten	M 33400
	a. Kongenitale Zysten	M 26500
	b. Retentionszysten	M 33400
	c. Pseudozysten	M 33490
	d. Echinokokkus	M 33700
	e. Andere	
2	Heterotopien	M 26000
	a. Milz	M 26150
	b. Andere	M _____
3.	Entzündlicher Pseudotumor	M 76820
	a. Pankreatitisbedingter	
	b. Transplantationsbedingter	
4.	Lipomatose	M 74100
5.	Andere	M _____

Topographie – Codierung

snomed	*Lokalisation*
T 59000	Pankreas
T 59005	exokriner Pankreas
T 59010	Ductus pancreaticus
T 59100	Pankreaskopf
T 59200	Pankreaskörper
T 59300	Pankreasschwanz

T N M – Staging

Pankreas	
T1	Begrenzt auf Pankreas
T1a	≤ 2 cm
T1b	> 2 cm
T2	Duodenum, Ductus choledochus, peri-pankreatisches Gewebe
T3	Magen, Milz, Kolon, große Gefäße
N1	Regionär

Erläuterungen

I.A.1.b. Der Tumor breitet sich innerhalb des Ductus pancreaticus aus (4) und obstruiert das Gangsystem.

I.A.2.a. Verwechslungen mit zystischen Lymphangiomen und Hamartomen sind möglich (4,10) – im Zweifelsfall Zytokeratin bestimmen.

I.A.2.b. Das Epithel von intestinalem Aussehen: Goblet- und Panethzellen sowie Serotonin-, Somatostatin-, PP-und Gastrinproduzierende Zellen können in wechselnder Menge vorkommen (1).

I.B.1.a. Die Verwendung des histologischen Gradings nach Klöppel hat einen gesicherten prognostischen Wert (4, 5, 6) ist aber von geringer therapeutischer Bedeutung.

I.B.2.a. Charakteristisch sind bizarre Riesenkerne, Reste einer drüsigen Differenzierung und PAS-Positivität der Zellen. Manchmal Ähnlichkeiten mit dem Chorionkarzinom – die Riesenzellen sind jedoch ß-HCG negativ (2).

I.B.3. Immunhistochemisch findet man alle typischen Marker der Azinuszellen (Lipase, Trypsin, Chymotrypsin, Alpha-1-antitrypsin) – NSE,CEA und CA 19-9 kommen hingegen nicht vor (4). Elektronenmikroskopisch sind Zymogengranula zu sehen (4,8).

I.B.4. Die Kombinationen azinäre + endokrine sowie azinäre + duktale + endokrine Differenzierung sind bekannt (10).

I.B.5.a. Auftreten im Kindesalter (< 7 Jahre) – die Bezeichnung „infantiles Karzinom" ist irreführend, da in diesem Alter auch echte duktale Karzinome auftreten. Immunhistochemisch lassen sich Lipase, Trypsin, Chymotrypsin und Alpha-1-antitrypsin nachweisen (8).

I.B.5.b. Früher: „pleomorphes kleinzelliges Karzinom". Der Tumor ist Zytokeratin, NSE stark und konstant positiv; Chromogranin A, Leu 7 und Neurofilament kann wechselnd stark und nicht in allen Tumoren nachgewiesen werden (3, 11).

I.B.5.c. In der Literatur finden sich auch irreführende Bezeichnungen wie „infantiles Karzinom" oder „Pankreatoblastom". Die Tumorzellen sind vereinzelt Alpha-1-antitrypsin (intrazytoplasmatische PAS-positive Globuli) und auch NSE positiv (7).

Literatur

1. Albores-Savedra, J., Angeles-Angeles, A., Nadji, M., Henson, D. E., Alvarez, A.: Mucinous cystadenocarcinoma of the Pancreas. Morphologic and Immunocytochemical Observations. Am. J. Surg. Pathol. *11,* 11–20 (1987).
2. Chen, J., Baithun, S. I.: Morphological study of 391 cases of exocrine pancreatic tumours with special reference to the classification of exocrine pancreatic carcinoma. J. Pathol, *146,* 17–29 (1985).
3. Corrin, B., Gilby, E. D., Jones, N. F., Patrick J.: Oat cell carcinoma of the pancreas with ectopic ACTH secretion. Cancer *31,* 1523–1527 (1973).
4. Klöppel, G., Heitz, Ph. U.: Pancreatic pathology. Edinburgh, London, Melbourne, New York: Churchill Livingstone. 1984.
5. Klöppel, G., Lingenthal, G., von Bülow, M., Kern, H. F.: Histological and fine structural features of pancreatic ductal adenocarcinomas in relation to growth and prognosis: studies in xenografted tumours and clinico-histopathologic correlation in a series of 75 cases. Histopathology *9,* 841–856 (1985).
6. Klöppel G.: Pankreaskarzinom. Verh. Dtsch. Ges. Pathol. *71,* 187–201 (1987).
7. Learmonth, G. M., Price, S. K., Visser, A. E., Emms, M.: Papillary and cystic neoplasm of the pancreas – an acinar cell tumour? Histopathology *9,* 63–79 (1985).
8. Morohoshi, T., Kanda, M., Horie, A., Chott, A., Dreyer, T., Klöppel, G., Heitz, Ph. U.: Immunocytochemical markers of uncommon pancreatic tumors. Acinar cell carcinoma, pancreatoblastoma, and solid cystic (papillary cystic) tumor. Cancer *59,* 739–747 (1987).
9. Sharten, S. D., Hart, W. R., Petras, R. E.: Microcystic adenomas (serous cystadenomas) of pancreas. A clinico-pathologic investigation of eight cases with immunohistochemical and ultrastructural studies. Am. J. Surg. Pathol. *10,* 365–372 (1986).

10. Schron, D. S., Mendelsohn, G.: Pancreatic carcinoma with duct, endocrine and acinar differentiation. A histologic, immunocytochemical, and ultrastructural study. Cancer *54,* 1766–1770 (1984).

11. Zamboni, G., Franzin, G., Bonetti, F., Scarpa, A., Chilosi, M., Colombari, R., Menestrina, F., Pea, M., Iacono, C., Serio, G., Fiore-Donati, L.: Small cell neuro-endocrine carcinoma of the ampullary region. A clinico- pathologic, immunohisto-chemical, and ultrastructural study of three cases. Am. J. Surg. Pathol. *14,* 703–719 (1990).

3. Niere und ableitende Harnwege

3.1 Tumoren der Niere

W. Ulrich, M. Ratschek, M. Susani, H. Feichtinger und *R. Kain*

I. Epithelial

A. Benign
1. Adenome* M 81400
   a. Basophiles papilläres Adenom M 82600
   b. Onkozytäres Adenom (Onkozytom) M 82900

B. Malign
1. Nierenzellkarzinom* M 83123
   a. Klarzellig *
   b. Chromophil
      i. Basophil
      ii. Eosinophil
      iii. Lipidreich
      iv. Onkozytenähnlich*
   c. Chromophob*
   d. Spindelzellig/Pleomorph
2. Karzinom vom Typ des Sammelrohres (Bellini)

II. Mesenchymal (siehe auch Tumoren der Weichgewebe)

A. Benign
1. Angiomyolipom M 88600
2. Hämangiom M 91200
3. Andere

III. Nephroblastisch

A. Benign M 89601
1. Nephroblastomatosekomplex
   a. Noduläres renales Blastem
   b. Multifokale Nephroblatomatose

c. Metanephrisches Hamartom
2. Multilokuläres zystisches Nephrom
B. Malign   M 89603
  1. Niedriger Malignitätsgrad
    a. Konnatales mesoblastisches Nephrom
    b. Zystisches, partiell differenziertes Nephroblastom
  2. Mittlerer Malignitätsgrad
    a. Nephroblastom
      i. Mischtyp
      ii. Epithelreich
      iii. Blastemreich
      iv. Stromareich
      v. Fetal-rhabdomyomatös
  3. Hoher Malignitätsgrad
    a. Nephroblastom
      i. Anaplastisch
      ii. Rhabdomyosarkomatös
    b. Klarzelliges Sarkom
    c. Rhabdoid - Tumor
  4. Unklassifiziert

IV. Verschiedene

1. Juxtaglomerulärzelltumor (Reninom)*   M 83611
2. Andere

V. Metastatisch   M ___6

IV. Unklassifiziert   M 8000_

VII. Tumorartig

1. Zysten   M 33400
2. Markfibrom (Hamartom)   M 93510
3. Xanthogranulomatöse Pyelonephritis   M 44070
4. Malakoplakie   M 43180
5. Nebennierenheterotopie   M 26000
6. Andere

Topographie – Codierung

snomed	*Lokalisation*
T 71000	Niere
T 71010	rechte Niere
T 71020	linke Niere
T 71030	Nierenkapsel

T	71050	Nierenrinde
T	71070	Nierenmark
T	72000	Nierenbecken
T	72010	rechtes Nierenbecken
T	72020	linkes Nierenbecken

Minimalerfordernisse zur Diagnostik von Nierenzell-Karzinomen:
Histologisch untersucht werden sollte jeder sich farblich unterschiedlich darstellende Anteil des Tumors (außer eindeutigen größeren Nekrosen), insbesondere weiße bzw. weiß-graue Partien (diese entsprechen nicht selten Grad 3).
Ansonsten: 1 Histologischer Schnitt pro 2 cm Tumordurchmesser.

T N M – Staging

Niere	
Tx	Primärtumor kann nicht beurteilt werden
T1	≤ 2,5 cm/begrenzt auf Niere
T2	> 2,5 cm/begrenzt auf Niere
T3	In größeren Venen oder perirenale Invasion
T4	Jenseits Gerota-Faszie
N1	Solitär ≤ 2 cm
N2	Solitär > 2 cm bis 5 cm, multipel ≤ 5 cm
N3	> 5 cm

TNM	Nephroblastom		pTNM
T1	Tumor ≤ 80 cm^2	Abgekapselt, Exzision komplett	pT1
T2	Tumor > 80 cm^2	Mit Invasion, Exzision komplett	pT2
T3	Ruptur vor Behandlung	Exzision inkomplett, mikroskopischer Residualtumor	pT3a
		Exzision inkomplett, makroskopischer Residualtumor	pT3b
		Tumor nicht reseziert	pT3c
T4	Bilateraler Tumor	Bilaterale Tumoren	pT4
N1	Regionär	Lymphknotenmetastasen komplett reseziert	pN1a
		Lymphknotenmetastasen inkomplett reseziert	pN1b

Erläuterungen

I.A.1. Adenome können von Karzinomen morphologisch nicht sicher unterschieden werden. Nach Olsen (5) sind als echte renale Adenome nur die kleinen papillären basophilen Adenome zu bezeichnen, die meist einen Zufallsbefund in Schrumpfnieren darstellen (gewöhnlich bis 6 mm im Durchmesser).

I.B.1. Bei allen Nierenzellkarzinomen sollte neben dem „Nuclear-Grading" (G1-G4) und dem Grundtyp (klarzellig, chromophil, chromophob, spindelzellig/pleomorph) auch der Wachstumstyp (kompakt, tubulopapillär, zystisch) angegeben werden.

I.B.1.a. In klarzelligen Karzinomen können eosinophile Anteile vorkommen (Bei Überwiegen: eosinophile Variante des klarzelligen Karzinoms).

I.B.1.b.iv. Die chromophil-onkozytenähnliche Variante des Nierenzellkarzinoms darf nicht mit dem renalen Onkozytom verwechselt werden.

I.B.1.c. In chromophoben Karzinomen können eosinophile Anteile vorkommen (Bei Überwiegen: eosinophile Variante des chromophoben Karzinoms).

IV.1. Die Diagnose beruht auf dem Nachweis von Reningranula im Zytoplasma.

Literatur

1. Beckwith, J. B.: Wilms' tumor and other renal tumors of childhood. A selective review from the National Wilms' Tumor Study Pathology Center. Hum. Pathol. *14,* 481–492 (1983).
2. Beckwith, J. B., Palmer, N. F.: Histopathology and prognosis of Wilms' tumor. Results from the first National Wilms' Tumor Study. Cancer *41,* 1937–1948 (1978).
3. Bennington, J. L., Beckwith, J. B.: Tumors of the kidney, renal pelvis, and ureter. In: Atlas of tumor pathology, 2nd ser., Fasc. 12. Washington, D.C.: Armed Forces Institute of Pathology. 1975.
4. Mostofi, F. K.: Histological typing of kidney tumours. (International histological classification of tumours, No. 25.) Geneva: World Health Organization. 1981.
5. Olsen, S.: Tumours of the kidney and urinary tract. Color atlas and textbook. Kopenhagen: Munksgaard. 1984.
6. Powell, T., Shackman, R., Johnson, H. D.: Multilocular cysts of the kidney. Br. J. Urol. *23,* 142-152 (1951).
7. Schmidt, D.: Nephroblastome (Wilms-Tumoren) and Nephroblastom – Sondervarianten. Stuttgart, New York: Gustav Fischer. 1989.
8. Stambolis, Ch.: Benigne und potentiell maligne metanephrogene Neoplasmen-Morphologie, Diagnose und klinische Bedeutung. In: Normale und Pathologische Anatomie, Band 50. Stuttgart, New York: Georg Thieme. 1984.
9. Thoenes, W., Störkel, St., Rumpelt, H. J.: Histopathology and Classification of Renal Cell Tumours (Adenomas, Oncocytomas and Carcinomas). Pathol. Res. Pract. *181,* 125–143 (1986).
10. Thoenes, W., Störkel, St. Rumpelt, H. J., Moll, R., Baum, H. P., Werner, S.: Chromophobe cell renal carcinoma and its variants – a report on 32 cases. J Pathol. *155,* 277–287 (1988).
11. Uson, A. C., Melicow, N. M.: Multilocular cysts of kidney with intrapelvic herniation of a „daughter" cyst: Report of 4 cases. J. Urol. *89,* 341–348 (1963).

3.2 Tumoren der ableitenden Harnwege

M. Susani, F. Asboth, H. Feichtinger und *M. Ratschek*

I. Epithelial

A. Benign
  1. Übergangszellpapillom   M 81201
  2. Übergangszellpapillom invertierter Typ
     (invertiertes Papillom)   M 81211
     a. Trabekulär
     b. Glandulär
  3. Plattenepithelpapillom   M 80520
  4. Condyloma acuminatum   M 76720

B. Intermediär
  1. Dysplasie Grad I-II   M 74000

C. Malign
  1. Carcinoma in situ (intraepitheliale Neoplasie)   M 81202
  2. Übergangszellkarzinom*   M 81203
     a. mit Metaplasie
        i. Plattenepithelial
        ii. Glandulär
        iii. Plattenepithelial und Glandulär
  3. Plattenepithelkarzinom   M 80703
  4. Adenokarzinom*   M 81403
  5. Adenosquamöses Karzinom   M 85603
  6. Kleinzelliges (neuroendokrines) Karzinom   M 80413
  7. Undifferenziertes Karzinom   M 80203
  8. Andere

II. Mesenchymal (siehe auch Tumoren der Weichgewebe)

A. Benign

B. Malign
  1. Rhabdomyosarkom   M 89003
  2. Andere

III. Verschiedene

A. Benign
  1. Sympathisches Paragangliom   M 86811
  2. Andere

B. Malign
  1. Karzinosarkom   M 89803
  2. Malignes Melanom   M 87203
  3. Andere

IV. Tumoren des blutbildenden und lymphatischen Gewebes (siehe dort)

V. Metastatisch   M ___6

VI. Unklassifiziert   M 8000_

VII. Tumorartig

    1. Reaktive urotheliale Hyperplasie
    2. Papilläre Cystitis (entzündlicher Polyp)   M 76820
    3. Brunn'sche Epithelnester   M 76060
    4. Kleinzystische Cystitis   M 73370
    5. Glanduläre Metaplasie (Typ I, Typ II)   M 73300
    6. Nephrogenes Adenom   M 73380
    7. Plattenepithelmetaplasie   M 73220
    8. Follikuläre Cystitis   M 43080
    9. Malakoplakie   M 43180
  10. Tumorförmige Amyloidose   M 55160
  11. Fibroepithelialer Polyp   M 76810
  12. Endometriose   M 76500
  13. Hamartom   M 75500
  14. Zysten   M 33400
  15. Epidermale Einschlußzyste
      (Cholesteatom) des Nierenbeckens   M 33410
  16. Interstitielle Cystitis   M 43030
  17. Pseudosarkomatöse Stromareaktion
  18. Andere

Topographie – Codierung

snomed	*Lokalisation*
T 72010	Nierenbecken re.
T 72020	Nierenbecken links
T 73010	Ureter rechts
T 73020	Ureter links
T 74000	Harnblase
T 74120	Urachus

T N M – Staging

Nierenbecken, Harnleiter	
Ta	Nichtinvasiv papillär
Tis	In situ
T1	Subepitheliales Bindegewebe
T2	Muskulatur
T3	Jenseits Muskulatur
T4	Nachbarorgane, perirenales Fettgewebe
N1	Solitär ≤ 2 cm
N2	Solitär > 2 cm bis 5 cm, multipel ≤ 5 cm
N3	> 5 cm

Harnblase	
Ta	Papillär nichtinvasiv
Tis	In situ („flat tumor")
T1	Subepitheliales Bindegewebe
T2	Oberflächliche Muskulatur (innere Hälfte)
T3	Tiefe Muskulatur oder perivesikales Fettgewebe
T3a	Tiefe Muskulatur (äußere Hälfte)
T3b	Perivesikales Fettgewebe
T4	Prostata, Uterus, Vagina, Becken- oder Bauchwand
N1	Solitär ≤ 2 cm
N2	Solitär > 2 cm bis 5 cm, multipel ≤ 5 cm
N3	> 5 cm

Erläuterungen

I.C.2. Einen Differenzierungsgrad bzw. Malignitätsgrad nach WHO angeben.

I.C.4. Im Begriff „Adenokarzinom" sind sämtliche Subtypen, wie z. B. das meso-nephrogene Karzinom, das Urachuskarzinom und die verschleimenden Karzinome subsummiert.

3.3 Tumoren der Urethra

M. Susani, F. Asboth, H. Feichtinger und *M. Ratschek*

I. Epithelial

A. Benign
1. Plattenepithelpapillom   M 80520
2. Übergangszellpapillom   M 81201
   a. Solitär
   b. Papillomatose   M 80600
3. Condyloma acuminatum   M 76720

B. Intermediär
1. Dysplasie Grad I-II   M 74000

C. Malign
1. Carcinoma in situ (intraepitheliale Neoplasie)   M 81202
2. Plattenepithelkarzinom   M 80703
3. Übergangszellkarzinom   M 81203
4. Adenokarzinom*   M 81403
5. Adenokarzinom der Cowper'schen Drüsen

II. Mesenchymal (siehe Tumore der Weichgewebe)

III. Verschiedene

1. Malignes Melanom   M 87203
2. Andere

IV. Tumore des blutbildenden und lymphatischen Gewebes (siehe dort)

V. Tumorartig

1. Fibroepitheliome (Karunkel – nur bei Frauen)   M 76810
   a. Granulomatös
   b. Varikös
   c. Fibrös
2. Polypoide Prostataektopie   M 26000
3. Polypoide Urethritis
4. Malakoplakie   M 43180

Topographie – Codierung

snomed	Lokalisation
T 75000	Urethra
T 75170	Cowper'sche Drüsen

Im TUR-Material ist die Tiefe der Muskelschicht nicht erkennbar – daher in solchen Fällen als „mindestens pT2" klassifizieren.

T N M – Staging

Harnröhre	
Ta	Nichtinvasives papilläres, polypoides oder verrukö-ses Karzinom
Tis	In situ
T1	Subepitheliales Bindegewebe
T2	Corpus spongiosum, Prostata, periurethrale Musku-latur
T3	Corpus cavernosum, jenseits Prostatakapsel, Vaginal-vorderwand, Blasenhals
T4	Andere Nachbarorgane
N1	Solitär ≤ 2 cm
N2	Solitär > 2 cm bis 5 cm, multipel ≤ 5 cm
N3	> 5 cm

Erläuterungen

I.C.4. Im Begriff „Adenocarcinom" sind sämtliche Subtypen, wie z. B. das meso-nephrogene Karzinom und die verschleimenden Karzinome subsummiert.

Literatur

1. Helpap, B.: Pathologie der ableitenden Harnwege und der Prostata. Berlin, Holland, New York: Springer. 1989.
2. Hill, G. S. (Hrsg.): Uropathology. New York, Edinburgh, London, Melbourne: Chur-chill Livingstone. 1989.
3. Koss, L. G.: Tumors of the urinary bladder. In: Atlas of tumor pathology, 2nd ser., Fasc. 11. Washington, D.C.: Armed Forces Institute of Pathology. 1975.
4. Mostofi, F. K., Sobin, L. H., Torloni, H.: Histological typing of urinary bladder tumours. (International histological classification of tumour, N. 10.) Geneva: World Health Organization. 1973.
5. Petersen, R. O.: Urologic pathology. Philadelphia: J. B., Lippincott Company. 1986.
6. Olsen, S.: Tumours of the kidney and urinary tract, Color atlas and textbook. Kopenhagen: Munksgaard. 1984.

4. Männlicher Genitaltrakt

4.1 Tumoren des Hodens und der paratestikulären Strukturen

G. Mikuz und *M. Ratschek*

I. Keimzelltumoren

A. Intratubuläre Keimzellneoplasie*	M ____2
1. Indifferente intratubuläre Keimzellneoplasie	
2. Indifferente intratubuläre Keimzellneoplasie mit extratubulärer Infiltration	
3. Differenzierte intratubuläre Keimzellneoplasie (Typ angeben)	
B. Seminome *	
1. Klassisches Seminom	M 90613
2. Mit syncytiotrophoblastischen Riesenzellen*	M ____3
3. Mitosenreich*	M 90623
4. Spermatozytär*	M 90633
C. Nicht seminomatöse Keimzelltumoren*	M 90703
1. Embryonales Karzinom	M 90713
2. Dottersacktumor*	M 90713
3. Polyembryom	M 90723
4. Teratom	
a. Differenziertes Teratom	M 90801
Monodermal differenzierte:	
i. Epidermoidzyste*	M 33410
ii. Dermoidzyste	M 90840
iii. Karzinoid*	M 82401
b. Teratom mit maligner Transformation epithelialer und/oder mesenchymaler Anteile	M #
5. Chorionkarzinom*	M 91003
6. Kombinierte nicht seminomatöse Keimzelltumoren	
a. Teratokarzinom (Embryonales Karzinom + Teratom)	M 90813
b. Chorionkarzinom kombiniert mit anderen nicht seminomatösen Keimzelltumoren	M #
c. Andere	M #

D. Kombinierte Tumoren
Seminom kombiniert mit anderen nicht
seminomatösen Keimzelltumoren*   M #

II. Tumoren des Keimdrüsenstroma

A. Differenziert
  1. Leydig-Zell-Tumor*   M 86501
    a. Lipidreicher Typ*
  2. Sertoli-Zell-Tumor*   M 86401
    a. Intratubulärer großzelliger kalzifizierender Typ* M _____
  3. Granulosazelltumor*   M 86201
    a. Juveniler typ
    b. Adulter Typ
  4. Leydig/Sertoli -Zell-Tumor   M 86301
B. Undifferenziert   M 85901
  1. Undifferenzierter Stromatumor*

III. Keimzellen-Keimdrüsenstroma Mischtumoren

  1. Gonadoblastom*   M 90731
  2. Keimzellen-Keimdrüsenstroma
    Mischtumor*   M _____0

IV. Tumoren des blutbildenden und lymphatischen Gewebes (siehe dort)

V. Paratestikuläre Tumoren

A. Benign
  1. Epithelial:
    a. Adenom   M 81400
    b. Zystadenom*   M 84400
    c. Papilläres Zystadenom*   M 84500
    d. Andere   M _____
  2. Mesenchymal:
    a. Adenomatoider Tumor   M 90540
    b. Melanotischer neuroektodermaler Tumor
      (melanotisches Progonom)*   M 93630
    c. Andere   M _____
B. Malign
  1. Epithelial:
    a. Adenokarzinom des Rete tesis   M 81403
    b. Adenokarzinom des Nebenhodens   M 81403
    c. Plattenepithelkarzinom der Tunica vaginalis testis* M 80703
    d. Andere

  2. Mesenchymal:
     a. Mesotheliom der Tunica vaginalis testis*   M 90503
        i. Papillär   M 90523
        ii. Epithelial   M 90523
        iii. Fibrös   M 90513
        iv. Biphasisch   M 90533
     b. Rhabdomyosarkom*   M 89003
        i. Embryonal   M 89103
        ii. Alveolär   M 89203
        iii. Pleomorph   M 89013
        iv. Leiomyomatös   M _____
        v. Botryoid   M 89103
     c. Andere   M ____3

VI. Metastatisch   M ____6

VII. Unklassifiziert   M 8000_

VIII. Tumorartig   M 30900

  1. Orchitis   M 40000
     a. Chronisch   M 43000
     b. Granulomatös   M 44000
        i. Malakoplakie   M 43180
     c. Tuberkulös   M 44700
  2. Fibromatöse Periorchitis   M 45000
  3. Spermagranulom   M 44180
  4. Lipogranulom   M 44040
  5. Vasitis nodosa*   M 44000
  6. Heterotopien   M 26000
     a. Nebennierenrinde   M 26090
     b. Milz   M 26140
  7. Leydigzellhyperplasie*   M ____0
  8. Andere   M _____

= mehrfache Kodierung notwendig

Topographie – Codierung

snomed	*Lokalisation*
T 78000	Hoden
T 78010	rechter Hoden
T 78020	linker Hoden
T 78300	Rete testis
T 79100	Epididymis
T 79180	Appendix testis
T 79300	Samenstrang
T 79400	Scrotum

T N M – Staging

Hoden	
pTis	Intratubulär
pT1	Hoden und Rete testis
pT2	Durch Tunica albuginea oder in Nebenhoden
pT3	Samenstrang
pT4	Skrotum
N1	Solitär ≤ 2 cm
N2	Solitär > 2 cm bis 5 cm, multipel ≤ 5 cm
N3	> 5 cm

Erläuterungen

I.A. Die Veränderung (Synonyme: „Ca in situ des Hodens", „atypische Keimzellen") wird in der Umgebung von Keimzelltumoren sowie in etwa 0.5-1% der Hodenbiopsien, die wegen Fertilitätsstörungen durchgeführt werden, beobachtet (3). Die atypischen Keimzellen sind meist „Placenta-like alkaline phosphatase" positiv (2).

I.B.1 Seminomzellen exprimieren Vimentin und sind Zytokeratin negativ – vereinzelte schwach Zytokeratin positive Tumorzellen können ausnahmsweise vorkommen (12). Durch gründliche Aufarbeitung muß ein nichtseminomatöser Anteil ausgeschlossen werden.

I.B.2. Syncytiotrophoblastische Riesenzellen sollten nicht mit solchen histiozytärer Herkunft verwechselt werden – der immunhistochemische ß-HCG Nachweis ist in Zweifelsfall angebracht.

I.B.3. Früher: „anaplastisches Seminom".

I.B.4. Der Tumor zeigt eine starke Polymorphie, Tumorriesenzellen und reichlich Mitosen und wird deswegen nicht selten falsch klassifiziert (anaplastisches Seminom, embryonales Karzinom usw.). Die Chromatinverteilung in Riesenzellen erinnert an die Meiose der primären Spermatozyten. Darüberhinaus findet man keine Lymphozyten oder Granulome im Stroma.

I.C. Vor allem vielen Klinikern ist die „britische Klassifikation" (3, 10) nicht seminomatöser Keimzelltumoren noch immer vertrauter und verständlicher – nach Wunsch können beide verwendet werden. In der Folge eine Gegenüberstellung beider Klassifikationen (die Kodierung unterscheidet sich auch !!):

DT = Differenziertes Teratom (M 90801) entspricht der Entität I.C.4.a.

MTI = Malignes Teratom intermediär (M 90833) entspricht den Entitäten I.C.4.b, I.C.6.a.

MTU = Malignes Teratom undifferenziert (M 90823) entspricht den Entitäten I.C.1.

I.C.2.

I.C.3.

I.C.6.c.

MTT = Malignes Teratom trophoblastisch (M 91023) entspricht den Entitäten I.C.5., I.C.6.b.

I.C.1. Die Tumorzellen exprimieren Zytokeratine und sind Vimentin negativ – vereinzelt schwach Vimentin positive Tumorzellen können ausnahmsweise vorkommen (12).

I.C.2. Reine Dottersacktumoren kommen praktisch nur bei Kindern vor. Häufiger ist hingegen die Kombination mit dem embryonalen Karzinom (50–70%). Die Tumorzellen exprimieren Alfa-1-fetoprotein – allerdings findet man positive Zellen auch in reifen Teratomanteilen (21).

I.C.4.a.i. Ein absolut gutartiger Tumor. Ob die Epidermoidzyste einer Heterotopie oder einem einseitig differenzierten Teratom entspricht ist schwer zu entscheiden und auch nur von akademischem Interesse (8).

I.C.4.a.iii. Karzinoide entwickeln sich aus den neuroendokrinen Zellen, die in Teratomen vereinzelt zu finden sind – sie sind wahrscheinlich einseitig differenzierte Teratome, kommen aber auch kombiniert mit diesen vor.

I.C.5. Chorionkarzinome bestehen aus Zyto- und Syncytiotrophoblast. Der Nachweis von syncytiotrophoblastischen Riesenzellen (ßHCG positiv) genügt nicht – sie kommen allein, ohne Zytotrophoblast, sowohl in Seminomen als auch Teratomen vor (10).

I.D. Bei der Kombination Seminom + Embryonales Karzinom ist im Zweifelsfall die immunhistochemische Zytokeratinbestimmung entscheidend.

II.A.1. Leydig-Zellen und deren Tumoren sind S-100 Protein positiv (5). Die Kernpolymorphie ist kein Malignitätszeichen, sondern nur der Gefäßeinbruch!

II.A.2. Sertoli-Zellen und deren Tumoren sind Vimentin- und teilweise auch S-100 Protein positiv (5).

II.A.2.a. Die Tumorzellen liegen intrakanalikulär und sind lichtoptisch eher den Leydig- als den Sertolizellen ähnlich. Die Tumorzellkomplexe sind zentral verkalkt. Der Tumor ist immer mit anderen Krankheiten assoziiert (Hypophysenadenome, Vorhofmyxome, Nebenierenrindenhyperplasie) (12).

II.B.1. Diese Tumoren sind lichtmikroskopisch fibromähnlich. Differenziertere Areale mit Sertolizellen, Call-Exner-Strukturen oder primitiven Graaf'schen Follikeln müssen manchmal lange gesucht werden (10). Immunhistochemisch lassen sich in den Tumorzellen manchmal Testosteron, Estradiol und Progesteron nachweisen (4). Die Tumorzellen sind Vimentin und teilweise Zytokeratin (PK 1, CAM 5.2) positiv (6). Die Dignität des Tumors ist aus der Histologie nicht ersichtlich 10–30% metastasieren! (12).

III.1. Die durchwegs jungen Patienten zeigen Anomalien der Geschlechtschromosome und/oder Kryptorchismus, Hypospadien, weibliche innere Geschlechtsorgane.

III.2. Im Gegensatz zum Gonadoblastom treten diese Tumoren bei älteren genetisch normalen Männern, mit descendierten Hoden und anatomisch normalem äußerem Genitale auf. Der Stromaanteil besteht vorwiegend aus Sertolizellen (12).

V. a.1.b./c. Zystadenome sind auch intratestikulär beschrieben worden. Verwechslungen mit Mesotheliomen sind möglich; immuncytochemisch sind sie jedoch, ähnlich wie im Ovar, Vimentin negativ und CA/125 und Zytokeratin positiv.

V.B.1.c. Entstehen in Folge einer Hydrocele bzw. chronischen Entzündung (1).

V.B.2.a. Echte Mesotheliome der Tunica vaginalis testis wurden hier absichtlich als malign eingestuft – von den bisher publizierten Fällen zeigte etwa die Hälfte, unbeschadet des histologischen Typs, einen malignen Verlauf mit Lokalrezidiven, Lymphknoten- und Organmetastasen. Die Abgrenzung gegenüber dem adenomatoiden Tumor (gutartiges Mesotheliom des Genitaltraktes) kann beim biphasischen und epithelialen Mesotheliomtyp Schwierigkeiten bereiten. Die Immunhistochemie ist wenig hilfreich, da beide Tumoren die mesothelialen Marker exprimieren. Schwierig ist auch die Abgrenzung des fibrösen Mesothelioms von anderen ähnlichen mesenchymalen Tumoren, insbesondere vom Fibrosarkom – in solchen Fällen helfen sowohl die Immunhistochemie als auch die Elektronenmikroskopie.

VIII.5. Cave Verwechslung mit Adenokarzinomen (Zustand nach Vasektomie) (13).

VIII.7. Tumorähnliche Leydigzellhyperplasien kommen sowohl beim Klinefelter als auch beim adrenogenitalen Syndrom vor. Im AGS fehlen Reinke'sche Kristalle, im Zytoplasma ist lipochromes Pigment vorhanden.

Literatur

1. Bryan, R. L., Liu, S., Newman, J., O'Brien, J. M., Considine, J.: Squamous cell carcinoma arising in a chronic hydrocele. Histopathology *17*, 178–180 (1990).
2. Burke, A. P., Mostofi, F. K.: Placental alkaline phosphatase immunochemistry of intratubular malignant germ cells and associated testicular germ cell tumors. Hum. Pathol. *19*, 663–670 (1988).
3. Hedinger, Chr.: Pathologie des Hodens. In: Doerr – Seifert – Uehlinger (Hrsg.) Pathologie des männlichen Genitale, Band 21. Berlin, Heidelberg, New York, London, Paris, Tokyo, Hong Kong, Barcelona: Springer. 1991.
4. Kurman, R. J.: Contributions of immunocytochemistry to gynecological pathology. Clin. Obstet. Gynaecol. *11*, 5–23 (1984).
5. McLaren, K., Thomson, D.: Localization of S-100 Protein in a Leydig and Sertoli cell tumour of testis. Histopathology *15*, 649–652 (1989).
6. Miettinen, M.: Undifferentiated testicular stromal tumors. In: Damjanov, I., Cohen, A. H., Mills, S. E, Young, R. H. (eds.) Progress in reproductive and urinary tract pathology, vol. I. New York: Field & Wood. 1989.
7. Mikuz, G., Damjanov, I.: Inflammation of the testis, epididymis, peritesticular membranes and scrotum. In: Sommers, S., Rosen, P. P. (eds.) Pathology Annual, vol. 17, Part 1, pp. 101–128. Norwolk/Connecticut: Appleton-Century-Crofts. 1982.
8. Mostofi, F. K., Sobin, L. H.: Histological typing of testis tumours. (International histological classification of tumours, No. 16) Geneva: World Health Organization. 1977.
9. Mostofi, F. K., Sesterhenn, I. A., Davis, C. J.: Developments in histopathology of testicular germ cell tumors. Semin. Urol. *6*, 177–185 (1988).
10. Pugh, R. C. B.: Pathology of the testis. Oxford, London, Edinburgh, Melbourne: Blackwell. 1976.
11. Rosai, H.: Ackerman's surgical pathology, 7th edn., pp. 968–969. CV Mosby. 1989.
12. Talerman, A., Roth, L. M.: Pathology of the testis and its adnexa. New York, Edinburgh, London, Melbourne: Churchill Livingstone. 1986.
13. Zimmermann, K. G., Johnson, P. C., Paplanus, S. H.: Nerve invasion by benign proliferating ductules in vasitis nodosa. Cancer *51*, 2066–2069 (1983).
14. Zuckman, M. H., Williams, G., Levin, H. S.: Mitosis counting in Seminoma: An exercise of questionable significance. Hum. Pathol. *19*, 329–335 (1980).

4.2 Tumoren der Prostata

G. Mikuz und *M. Ratschek*

I. Epithelial

A. Benign
    1. Noduläre Hyperplasie   M 72030
       a. Stromal (Stromaknoten)
       b. Fibromuskulär
       c. Myomatös
       d. Fibroadenomatös
       e. Fibromyoadenomatös
    2. Postatrophe Hyperplasie*
    3. Basalzellhyperplasie*   M 72120

B. Intermediär
    1. Prostatische intraepitheliale Neoplasie (PIN) I–III*   M 81402
    2. Atypische adenomatöse Hyperplasie

C. Malign
    1. Duktales Adenokarzinom*   M 81403
       a. Kleinazinär
       b. Großazinär
       c. Kribriform
       d. Solid-trabekulär
       e. Endometrioid*   M 83803
       f. Gemischt*
    2. Übergangszellkarzinom*   M 81203
    3. Basalzellkarzinom*   M 81233
    4. Adenoid-zystisches Karzinom*   M 82003
    5. Mucinöses Adenokarzinom*   M 84803
    6. Siegelringzellkarzinom*   M 84903
    7. Plattenepithelkarzinom*   M 80703
    8. Adenosquamöses Karzinom*   M 85603
    9. Kleinzelliges (neuroendokrines) Karzinom*   M 80413

II. Mesenchymal (siehe auch Tumoren der Weichgewebe)

A. Benign
    1. Leiomyom   M 88900
    2. Andere   M ___0

B. Malign
    1. Rhabdomyosarkom   M 89003
       a. Embryonal   M 89103
       b. Alveolär   M 89203
       c. Pleomorph   M 89013
       d. Leiomyomatös   M _____
       e. Botryoid   M 89103

2. Leiomyosarkom	M 88903
3. Andere	M ___3

III. Verschiedene

A. Benign
1. Blauer Naevus*   M 87800
2. Andere

B. Malign
1. Karzinosarkom*   M 89803
2. Phyllodestumor*   M 90203
3. Karzinoid*   M 89403
4. Dottersacktumor*   M 90713
5. Malignes Melanom*   M 87203
6. Andere

IV. Tumoren der Urethra (siehe dort)

V. Tumoren des blutbildenden und lymphatischen Gewebes (siehe dort)

VI. Metastatisch   M ___6

VII. Unklassifiziert   M 8000_

VIII. Tumorartig   M 03090

A. Metaplasie   M 73000
  1. Plattenepithelmetaplasie*   M 73220
B. Prostatitis   M 40000
  1. Chronisch   M 43000
  2. Granulomatös   M 44000
     a. Nicht nekrotisierend   M 44200
     b. Nekrotisierend (post TUR)*   M 44700
     c. Malakoplakie*   M 43180
     d. Tuberkulose   M 44700
     e. Andere

Topographie – Codierung

snomed	*Lokalisation*
T 77000	Prostata + Samenbläschen
T 77100	Prostata
T 77200	Lobus med.
T 77220	Lobus dex.

T	77230	Lobus sin.
T	77240	Lobus post.
T	77250	Lobus ant.

pTNM: pT1a Karzinome können mit Sicherheit nur im vollständig untersuchten Material gefunden werden (5,7,8,9).

T N M – Staging

Prostata	
T1	Weder tastbar noch sichtbar
T1a	$\leq 5\%$
T1b	$> 5\%$
T1c	Nadelbiopsie
T2	Begrenzt auf Prostata
T2a	$\leq 1/2$ Lappen
T2b	$> 1/2$ Lappen
T2c	Beide Lappen
T3	Jenseits Prostata
T3a	Unilateral
T3b	Bilateral
T3c	Samenblase(n)
T4	Fixiert/andere Nachbarstrukturen als Samenblasen
T4a	Blasenhals/Sphinkter externus/Rektum
T4b	Levatormuskel/Fixiert an Beckenwand
N1	Solitär ≤ 2 cm
N2	Solitär > 2 cm bis 5 cm, multipel ≤ 5 cm
N3	> 5 cm
M1a	Nicht-regionäre(r) Lymphknoten
M1b	Knochen
M1c	Andere Lokalisation(en)

Erläuterungen

I.A.1. Wird aus pragmatischen Gründen hier aufgeführt und nicht unter VIII Tumorartig.

I.A.2. Nicht selten zeigt diese Hyperplasie ein zweireihiges Epithel, beträchtliche Hyperchromasie der Kerne und eine gestörte Kern-Plasma-Relation. Cave Verwechslung mit Karzinom! Bei genauer Betrachtung zeigen die Epithelien keine Nucleoli (5).

I.A.3. Eine harmlose Veränderung, die aber leicht als kleinzelliges Karzinom fehlinterpretiert werden kann. Immunhistochemisch sind die Basalzellen PSAP und PSA negativ (5).

I.B.1. Gewöhnlich findet man die PIN in unmittelbarer Umgebung des Karzinoms. Die Unterscheidung vom Prostatakarzinom ist nicht immer einfach und beruht nur auf der Tatsache, daß beim Karzinom die basalen Zellen fehlen. Für die Diagnose ist nicht die Struktur der Drüsen, sondern die Zytologie (Atypien, Nukleolen, Polymorphie usw.) des sekretorischen Epithels maßgebend (2).

I.B.2. Findet man in TUR-Material und ist möglicherweise eine Vorstufe des hochdifferenzierten inzidentalen Karzinoms.

I.C.1. Es gibt viele Gradingsysteme (1,3,4,6), die im wesentlichen gleichwertig sind. Manche davon (Gleason) sind am durch transurethrale Elektroresektion gewonnenen Material nicht anwendbar.

I.C.1.e. Das endometrioide Prostatakarzinom (Ca des Utriculus) kommt selten in reiner Form und häufiger kombiniert mit anderen Typen vor. Die Tumorzellen sind PSAP und PSA positiv! (5)

I.C.1.f. In der Regel zeigen kleine Karzinome ein einheitliches (uniformes), große hingegen ein gemischtes (pluriformes) histologisches Muster. Beide Tumorkomponenten sind zu nennen – das mengenmäßig überwiegende Muster soll als erstes angeführt werden.

I.C.2. In den meisten Fällen (5, 10) ist der Tumor mit Übergangszellkarzinomen der Blase oder Urethra vergesellschaftet, nur selten primär mit Ausgangspunkt in den periuretheralen Drüsen. PSAP und PSA negativ!

I.C.3. Seltenes, bei Kindern und jungen Männern (Jahre) auftretendes, PSAP und PSA negatives Karzinom.

I.C.4. Klassisches Bild wie in den Speicheldrüsen – PSAP und PSA negativ! (5).

I.C.5. Der Tumor unterscheidet sich deutlich von herdförmig schleimproduzierenden Prostatakarzinomen. Die Zellen sind PSAP und PSA positiv (5).

I.C.6. Monozelluläre Verschleimung wie bei Magenkarzinomen – PSAP und PSA negativ (5).

I.C.8. Sowohl die Plattenepithel- als auch die drüsige Komponente sind PSAP und PSA positiv! (5).

I.C.9. Gleiche Morphologie wie in der Lunge – die Zellen sind PSAP und PSA negativ, neuroendokrine Marker positiv. ACTH-Produktion möglich (5, 10).

III.B.3. Vorwiegend mit Prostatakarzinomen kombiniert (5, 10). Die Tumorzellen können gleichzeitig Karzinoidmarker und PSAP und PSA exprimieren. ACTH-Produktion mit paraneoplastischem Syndrom ist möglich.

Es gibt auch „carcinoid-like" Prostatakarzinome, die lichtmikroskopisch ähnlich aussehen, aber keine typischen Granula besitzen (5).

VIII.B.2.b. Granulome mit zentraler Nekrose sind ausschließlich nach chirurgischen Eingriffen (Biopsie, TUR) zu finden. Die auftretenden Riesenzellen sind vorwiegend vom Fremdkörper- und nur selten vom Langhanstyp; die Nekrose ist fibrinoid und nicht käsig.

Literatur

1. Böcking, A., Kiehn, J., Heinzel-Wach, M.: Combined histologic grading of prostatic carcinoma. Cancer *50*, 288–292 (1982).
2. Bostwick, D. G., Brawer, M. K.: Protstatic intraepithelial neoplasia and early invasion in prostate cancer. Cancer *59*, 788–794 (1989).
3. Duncan, W., (Hrsg.): Prostata cancer. Recent results in cancer research 78. Berlin, Heidelberg, New York: Springer. 1981.
4. Gaeta, J. F., Asirwatham, J. E.: Prostate cancer grading: the NPCP system. In: Vaughan. E. D., Jr (ed.) Seminars in virology. Orlando: Grune & Stratton. 1983.
5. Kovi, J.: Surgical pathology of prostate and seminal vesicles. Boca Raton: CRC Press. 1989.

6. Moore, G. H., Lawshe, B., Murphy, J.: Diagnosis of adenocarcinoma in transurethral resection of the prostate gland. Am. J. Surg. Pathol. *10,* 165–169 (1986).

7. Mostofi, F. K.: Histological typing of prostate tumours. (International histological classification of tumours No. 22) Geneva: World Health Organization. 1980.

8. Mostofi, F. K.: Prostate sampling. Am. J. Surg. Pathol. *10,* 175 (1986).

9. Murphy, W. M., Dean, P. J., Brasfield, J. A., Tatum, L.: Incidental carcinoma of the prostate: how much sampling is adequate. Am. J. Surg. Pathol. *10,* 170–174 (1986).

10. Rohr, L. R.: Incidental adenocarcinoma in transurethral resection of the prostate. Partial versus complete microscopic examination. Am. J. Surg. Pathol. *11,* 53–58 (1987).

4.3 Tumoren der Samenblase

G. Mikuz und *M. Ratschek*

I. Epithelial

    A. Benign
        1. Zystadenom   M 84404
    B. Malign
        1. Adenokarzinom*   M 81403

II. Mesenchymal

    A. Benign
        1. Fibrom   M 88100
        2. Leiomyom   M 88900
    B. Malign   M ____3

III. Metastatisch   M ____6

IV. Unklassifiziert   M 8000_

V. Tumorartig   M 03090

        1. Zysten*   M 33400
            a. Angeboren   M 26500
            b. Erworben   M 33400
        2. Amyloidose   M 55110
        3. Spermatocystitis   M 4____

Topographie – Codierung

snomed	*Lokalisation*
T 77500	Samenbläschen
T 77510	rechte Samenblase
T 77520	linke Samenblase
T 77580	periprostatisches Gewebe

Erläuterungen

I.B. Primäre Adenokarzinome der Samenblase müssen folgende Kriterien erfüllen (1):
1. Der Tumor ist in der Samenblase lokalisiert und zeigt einen papillären histologischen Aufbau.
2. Anaplastische Karzinome sollten eine, wenn auch geringe Schleimproduktion zeigen – ansonsten sind sie der Prostata zuzuordnen.

3. Die Tumorzellen sind in der Regel PSA und PSAP negativ – sie sind aber im Gegensatz zum Prostatakarzinom häufig CEA positiv.

4. Der Patient darf keine anderen primären Karzinome haben.

Vorwiegend bei älteren Männern häufiges Auftreten (bis 75%) von Epithelien mit starker Anaplasie und bizzaren („monströsen") Riesenkernen – die Kerne zeigen sogar eine DNA-Polyploidie (3,5). Es handelt sich wahrscheinlich um hormonell gesteuerte involutive Veränderungen. Derartige Zellen können bei Feinnadelbiopsien der Prostata zu falsch positiven Befunden führen!

V.1. Angeborene Zysten sind Folge einer Entwicklungstörung des mesonephrischen Ganges und nicht selten mit einer ipsilateralen einseitigen Nierenagenesie kombiniert (3,4).

Erworbene Zysten sind Folge eines Ductus-ejaculatorius-Verschlußes und von Prostatitis begleitet (3,4).

Literatur

1. Benson, R. C., Jr., Clark, W. R., Farrow, G. M.: Carcinoma of the seminal vesicle. J. Urol. *132*, 483-485 (1984).
2. Damjanov, I., Apic, R.: Cystadenoma of seminal vesicles. J. Urol. *111*, 808-809 (1974).
3. Hill, GS, (ed.): Uropathology, vol. 2. New York, Edinburgh, London, Melbourne: Churchill Livingstone. 1989.
4. Kovi, J.: Surgical pathology of prostate and seminal vesicle. Boca Raton: CRC Press. 1989.
5. Mohr, W., Kesenheimer, M., Beneke, G.: Age dependent polyploidisation of the nuclei in human seminal vesicle epithelial cells. Beitr. Pathol. *151*, 331-342 (1974).

4.4 Tumoren des Penis

G. Mikuz und *M. Ratschek*

I. Epithelial

A. Benign
    1. Condyloma acuminatum*   M 76720
B. Intermediär
    1. Intraepitheliale Neoplasie   M 80102
       Grad I-III
       a. Typ Bowen*   M 80812
       b. Typ Queyrat*   M 80802
    2. Mb. Paget*   M 85422
C. Malign
    1. Plattenepithelkarzinom   M 80703
       Varianten:
       a. Verruköses Karzinom*   M 80513
       b. Spindelzelliges Karzinom*   M 80743
    2. Basaliom   M 80903

II. Mesenchymal (siehe Tumoren der Weichgewebe)*

III. Melanozytär (siehe Tumoren der Haut)

IV. Tumoren der Urethra (siehe dort)

V. Tumoren des blutbildenden und lymphatischen Gewebes (siehe dort)

VI. Metastatisch   M ___6

VII. Unklassifiziert   M 8000_

VIII. Tumorartig

    1. Sklerosierendes Lipogranulom*   M 45690
    2. Bowenoide Papulose*   M _____

Topographie – Codierung

snomed	Lokalisation
T 76000	Penis
T 76210	Corpus cavernosum
T 76220	Corpus spongiosum
T 76300	Glans penis

T N M – Staging

Penis	
Tis	In situ
Ta	Nichtinvasives verruköses Karzinom
T1	Subepitheliales Bindegewebe
T2	Corpus spongiosum, cavernosum
T3	Urethra, Prostata
T4	Andere Nachbarstrukturen
N1	Ein oberflächlicher Leistenlymphknoten
N2	Multiple oder bilaterale oberflächliche Leisten-lymphknoten
N3	Tiefe Leisten- oder Beckenlymphknoten

Erläuterungen

I.A.1. HPV verschiedener Typen wurden in der Läsion nachgewiesen: Typ 6 und 11 sind condylomassoziiert (1,2,). Typ 6,11 und 42 findet man bei Erkrankungen beider Geschlechtspartner (2). Bei Partnern von Frauen mit CIN der Portio sollen HPV Typ 16 und 33 induzierte Condylome häufiger auftreten (2).

I.B.1. a und b. Viele Autoren bezweifeln, daß man beide Veränderungen histologisch überhaupt unterscheiden kann (5,6,).

I.B.2. Seltener allein oder in Kombination mit Prostata- oder Schweißdrüsenkarzinom (2,4) auftretender Tumor. Differentialdiagnostisch manchmal schwierige Abgrenzung vom Mb. Bowen und Melanom (Immunchistochemie). Paget-Zellen sind Mucin-positiv.

I.C.1.a. Früher häufig unter dem Begriff „Riesencondylom Buschke- Loewenstein" eingereiht - es steht fest, daß es sich um idente Tumoren handelt (2,6): Zytologisch hochdifferenziert, exophytisches Wachstum, keine Invasion und keine Metastasen, deswegen genügt die lokale Entfernung ohne Penisamputation. Verwechslungen mit Condylomen sind möglich, der Tumor zeigt jedoch kein fibröses Stroma. Von Bedeutung ist die differentialdiagnostische Abgrenzung zu invasiven Plattenepithelkarzinomen, die teilweise verrukös wachsen (6).

VIII.1. Fetthältige Fremdkörpergranulome nach Paraffin-Infiltration oder anderen Manipulationen an der Glans Penis (2). Verwechslungen mit sklerosierendem Liposarkom sollten vermieden werden.

VIII.2. Histologisch nur wenige Unterschiede zum Mb Bowen (7)- wohl aber biologische Unterschiede: es erkranken wesentlich jüngere, häufig zirkumzidierte Männer, die Läsion ist multipel und regressionsfähig (cave mutilierende Chirurgie!). In 80% der Fälle wurde HPV 16 nachgewiesen (3). Assoziation mit Condylomen kommt vor (1,6).

Literatur

1. Arends, M. J., Whillie, A. H., Bird, C. C.: Papillomaviruses and human cancer. Hum. Pathol. *21*, 686–698 (1990).
2. Hill, G. S. (ed.): Uropathology, vol II. New York, Edinburgh, London, Melbourne: Churchill Livingstone. 1989.
3. Ikenberg, H., Gissmann, L., Gross, G., Grussendorf-Conen, E. I., zur Hausen, H.:

Human papillomavirus typ-16-related DNA in genital Bowen's disease and in bowenoid papulosis. Int. J. Cancer *32*, 563–565 (1983).

4. Mitsudo, S., Nakanishi, I., Koss, L. G.: Paget's disease of the penis and adjacent skin. Its association with fatal sweet gland carcinoma. Arch. Pathol. Lab. Med. *105*, 518–520 (1981).

5. Mostofi, F. K., Price, E. B. Jr.: Tumors of the male genital system. Atlas of tumor pathology, 2nd ser., Fasc. 8. Washington D.C.: Armed Forces Institute of Pathology. 1973.

6. Rosai, J.: Ackerman's surgical pathology, vol II., 7th. edn. St. Louis, Toronto, Washington, D.C.: The C.V. Mosby Company. 1989.

7. Wade, T. R., Kopf, A. W., Ackerman, A. B.: Bowenoid papulosis of the penis. Cancer *42*, 1890–1903 (1978).

5. Weiblicher Genitaltrakt

5.1 Tumoren des Ovars

G. Breitenecker und *S. Lax*

I. Oberflächenepithel-Stroma-Tumoren*

A. Serös
1. Benign
   a. Zystadenom·   M 84410
      Variante:
      i. Papilläres Zystadenom   M 84600
   b. Oberflächenpapillom   M 84610
   c. Adenofibrom/Zystadenofibrom   M 90140
2. Intermediär/niedrige maligne Potenz (n.m.P.)*
   (sogn. Borderline Tumoren)
   a. Zystischer Tumor n.m.P.   M 84411
      Variante:
      i. Papillärer zystischer Tumor n.m.P.   M 84601
   b. Exophytischer papillärer Tumor n.m.P.   M 84611
   c. Adenofibrom/Zystadenofibrom n.m.P.*   M 90141
3. Malign
   a. Adenokarzinom/Zystadenokarzinom   M 84413
      Variante:
      i. Papilläres Adenokarzinom/Zystadenokarzinom   M 84603
   b. Exophytisches papilläres Adenokarzinom   M 84613
   c. Adenokarzinofibrom/Zystadenokarzinofibrom   M 90143

B. Muzinös (endozervikaler bzw. intestinaler Zelltyp)
1. Benign
   a. Zystadenom   M 84700
   b. Adenofibrom/Zystadenofibrom   M 90150
2. Intermediär/niedrige maligne Potenz (n.m.P.)*
   (sogn.Borderline Tumoren)
   a. Zystischer Tumor n.m.P.   M 84701
   b. Adenofibrom/Zystadenofibrom n.m.P.*   M 90151
3. Malign
   a. Adenokarzinom/Zystadenokarzinom   M 84703
   b. Adenokarzinofibrom/Zystadenokarzinofibrom*   M 90153

C. Endometrioid
    1. Benign
       a. Adenom/Zystadenom   M 83800
          Variante:
          mit plattenepithelialer Differenzierung
       b. Adenofibrom/Zystadenofibrom   M 83810
          Variante:
          mit plattenepithelialer Differenzierung
    2. Intermediär/niedrige maligne Potenz (n.m.P.)*
       (sogn.Borderline Tumoren)
       a. Zystischer Tumor n.m.P.   M 83801
          Variante:
          mit plattenepithelialer Differenzierung
       b. Adenofibrom/Zystadenofibrom n.m.P.*   M 83811
          Variante:
          mit plattenepithelialer Differenzierung
    3. Malign
       a. Karzinom   M 83803
         i. Adenokarzinom   M 83803
        ii. Adenokarzinom mit plattenepithelialer Differenzierung   M 85703
        iii. Adenokarzinofibrom und Zystadenokarzinofibrom   M 83813
          Variante:
          mit plattenepithelialer Differenzierung
       b. Stromasarkom   M 89303
       c. Müller'sche Tumoren
         i. Adenosarkom, homolog/heterolog   M 89603
        ii. Maligner mesodermaler Müller'scher
           Mischtumor, n.n.b.   M 89503
           homolog   M 89803
           heterolog   M 89513

D. Klarzellig
    1. Benign
       a. Adenom/Zystadenom   M 83100
       b. Adenofibrom/Zystadenofibrom   M 83130
    2. Intermediär/niedrige maligne Potenz (n.m.P.)*
       (sogn. Borderline Tumoren)
       a. Zystischer Tumor n.m.P.   M 83101
       b. Adenofibrom/Zystadenofibrom
    3. Malign
       a. Adenokarzinom/Zystadenokarzinom   M 83103
       b. Adenokarzinofibrom/Zystadenokarzinofibrom

E. Brenner-Tumoren
    1. Benign   M 90000
    2. Niedriger maligner Potenz   M 90001
    3. Malign   M 90003

F. Übergangszellkarzinom   M 81203
    (Non-Brenner Typ)

G. **Plattenepitheltumoren** M 8070_
H. **Gemischte epitheliale Tumoren***
    1. Benign M 83230
    2. Niedriger maligner Potenz M 83231
    3. Malign M 83233
I. **Undifferenziertes Karzinom** M 80203
J. **Unklassifizierte und andere epitheliale Tumoren** M 8010_

II. Keimstrang-Keimdrüsenstroma-Tumoren   M 85901

A. **Granulosa-Stroma-Zell-Tumoren**
    1. Thekom-Fibrom-Gruppe
        a. Thekom M 86000
           Variante:
           luteinisiert M 86000
        b. Fibrom/Fibrosarkom
           i. Fibrom M 88100
           ii. Zellreiches Fibrom M 88100
           iii. Fibrosarkom M 88103
        c. Stromatumoren mit spärlichen Keimstrangelementen M 85901
        d. Sklerosierender Stromatumor M 85901
        e. Fibrothekom, n.n.b.
        f. Andere M 85901
    2. Granulosazelltumor M 86201
        a. Adulter Granulosazelltumor
           i. Mikrofolliculär
           ii. Makrofolliculär
           iii. Trabekulär
           iv. Diffus (sarkomatoid)
        b. Juveniler Granulosazelltumor
B. **Sertoli-Leydig-Zell-Tumoren/Androblastome** M 86301
    1. Hoch differenziert
        a. Sertoli-Zell-Tumor (tubuläres Androblastom) M 86401
        b. Sertoli-Leydig-Zell-Tumor M 86311
        c. Leydig-Zell-Tumor M 86501
    2. Intermediär differenziert M 86301
        Variante:
        mit heterologen Elementen M 86311
    3. Niedrig differenziert (sarkomatoid) M 86303
        Variante:
        mit heterologen Elementen M 86313
    4. Retiform M 8631_
    5. Gemischt (Typen angeben)
C. **Gynandroblastom** M 86321
D. **Keimstrangtumor mit anulären Tubuli**
E. **Lipid- (Lipoid-) Zell-Tumoren** M 86700
    1. Stromales Luteom

   2. Hiluszelltumor   M 86601

   3. Steroidzelltumor n.n.b.

F. Unklassifiziert

III. Keimzelltumoren

   1. Dysgerminom   M 90603
      Variante:
      mit synzytiotrophoblastären Riesenzellen

   2. Dottersacktumor (endodermaler Sinustumor)   M 90713
      Varianten:
      polyvesiculärer, vitelliner, hepatoider, glandulärer Typ

   3. Embryonales Karzinom   M 90703

   4. Polyembryom   M 90723

   5. Choriokarzinom   M 91003

   6. Teratome
      a. Unreif (malign)   M 90803
      b. Reif   M 90800
         i. Solid   M 90800
        ii. Zystisch   M 90800
            Dermoidzyste   M 90840
            Reifes zystisches Teratom   M 90800
            Reifes Teratom mit maligner Transformation   M 90843
            Fetiformes Teratom (Homunculus)
      c. Monodermal mit hoher Spezialisierung
         i. Struma ovarii   M 90900
            Variante:
            mit Schilddrüsentumor (spezifizieren)
        ii. Karzinoid   M 82401
            Variante:
            insulär/trabekulär
        iii. Strumales Karzinoid   M 90911
        iv. Muzinöses Karzinoid
         v. Maligner primitiver neuroektodermaler Tumor (PNET)
        vi. Andere

   7. Kombinierte Keimzelltumoren aus 1–6: Angabe der Typen
      (Mehrfachcodierung)

IV. Kombinierte Keimzell- und Keimstrang-Keimdrüsenstroma-Tumoren

   1. Gonadoblastom
      a. Reines Gonadoblastom   M 90731
      b. Kombiniertes Gonadoblastom   M 90731
         i. mit Dysgerminom (Mehrfachcodierung)
        ii. mit anderen Keimzelltumoren (Mehrfachcodierung)

   2. Unklassifiziert

V. Kombinierte Tumoren aus I–IV Mehrfachcodierung

VI. Tumoren des Rete ovarii

    1. Adenom/Zystadenom
    2. Karzinom

VII. Mesotheliale Tumoren

    1. Adenomatoid Tumor
    2. Andere

VIII. Tumoren unbekannten Ursprungs

    1. Kleinzelliges Karzinom
    2. Tumoren vermutl. Wolff'schen Ursprungs
    3. Hepatoides Karzinom
    4. Onkozytom
    5. Andere

IX. Trophoblastäre Erkrankungen (siehe dort)

X. Mesenchymale Tumoren ohne Ovarspezifität (siehe Tumoren der Weichgewebe)

XI. Tumoren des blutbildenden und lymphatischen Gewebes (siehe dort)

XII. Unklassifizierte Tumoren   M 8000_

XIII. Metastatische Tumoren   M ___6

XIV. Tumorartig

1. Schwangerschaftsluteum	M 79600
2. Stromahyperplasie	M 72430
3. Stromahyperthekose	M 73040
4. Fibromatose	M 76100
5. Massives Ovarialödem	M 36507
6. Solitäre Zysten	
a. Follikuläre Zyste	M 33500
b. Corpus-luteum-Zyste	M 33520
c. Große Follikelzyste der Schwangerschaft und des Puerperums	M 33504
7. Multiple follikuläre Zysten (polyzystisches Ovar)	M 33800

8. Multiple luteinisierte Follikelzysten   M 33510
   (Hyperreactio luteinalis) u. od. zystische Corpora lutea
9. Granulosazellproliferationen
10. Endometriose   M 76500
11. Germinale (Serosa-) Einschlußzyste   M 33550
12. Einfache Zyste   M 33400
13. Entzündliche Veränderungen (incl. Xanthogranulom,
   Malakoplakie)   M 40000
14. Parovarialzyste   M 33400
15. Andere

Topographie - Codierung

Snomed	Lokalisation
T 87000	Ovar
T 87010	Ovar rechts
T 87020	Ovar links
T 87800	beide Ovarien

T N M - Klassifikation (Kurzfassung)

TNM	Ovar	FIGO
T1	Begrenzt auf Ovarien	I
T1a	Ein Ovar, Kapsel intakt	IA
T1b	Beide Ovarien, Kapsel intakt	IB
T1c	Kapselruptur, Tumor an Oberfläche maligne Zellen in Aszites oder bei Peritonealspülung	IC
T2	Ausbreitung im Becken	II
T2a	Uterus, Tube(n)	IIA
T2b	Andere Beckengewebe	IIB
T2c	Maligne Zellen in Aszites oder bei Peritonealspülung	IIC
T3 und/ oder N1	Peritonealmetastasen jenseits Becken und/oder regionäre Lymphknotenmetastasen	III
T3a	Mikroskopische Peritonealmetastasen	IIIA
T3b	Makroskopische Peritonealmetastasen <2 cm	IIIB
T3c und/ oder N1	Peritonealmetastase(n) > 2 cm und/oder regionäre Lymphknoten-metastasen	IIIC
M1	Fernmetastasen (ausschließlich Peritonealmetastasen)	IV

N	Regionäre Lymphknoten: Hypogastrische (Obturatoria), an Aa. iliacae communes, an Aa. iliacae externae, laterale sakrale und paraaortale, Leistenlymphknoten.
NX	Regionäre Lymphknoten können nicht beurteilt werden.
N0	Keine regionären Lymphknoten.
N1	Regionäre Lymphknotenmetastasen.

Erläuterungen

Alle malignen Tumoren des weiblichen Genitaltraktes sollten nach histologischer Aufarbeitung nach dem pTNM-System der UICC klassifiziert werden.

I. Allgemeine Erläuterungen:

Die Adenokarzinome des Ovars sollten auch hinsichtlich ihres histologischen Differenzierungsgrades (G1, G2, G3–4) beurteilt werden, da dieser prognostische Aussagekraft besitzt.

Unter dem Begriff „Borderline malignancy" der englischsprachigen Literatur sind Neoplasmen definiert, die einige, aber nicht alle morphologischen Kennzeichen der Malignität aufweisen: Mehrreihigkeit der Epithelzellen, knospenartige Epithelproliferation mit verminderter Zellkohärenz, vermehrte Mitosen, Kernatypien. Eindeutige Invasionszeichen in das Stroma fehlen. Bei muzinösen Tumoren kann ein Karzinom angenommen werden, wenn mehr als 4 Zellagen, cribröse Strukturen und/oder stromalose Pseudopapillen vorliegen. Borderline-Tumoren können gelegentlich Implantationsmetastasen in das Peritoneum setzen und in seltenen Fällen Fernmetastasen (Lymphknotenmetastasen) aufweisen. Die Diagnose sollte allein aufgrund des morphologischen Befundes des Primärtumors im Ovar gestellt werden, der entsprechend aufgearbeitet werden muß. Bei den Zystadenofibromen bezieht sich die Aussage hinsichtlich der Malignität auf die epitheliale Komponente.

I.H. Gemischte epitheliale Tumoren: Die einzelnen Tumorkomponenten sollten beschrieben werden und müssen mehr als 10% des Tumors ausmachen.

Literatur

1. Cote, R. A.: SNOMED. College of American Pathologists. 1979.
2. Kurman, R. J. (ed.): Blaustein's pathology of the female genital tract, 3rd and 4th edn. Berlin, Heidelberg, New York: Springer. 1987, 1994.
3. Scully, R. E.: Tumours of the ovary and maldeveloped gonads. In: Atlas of tumor pathology, 2nd ser., Fasc. 16. Washington, D.C.: Armed Forces Institute of Pathology. 1979.
4. Serov, S. F., Scully, R. E., Sobin, L. H.: Histological typing of ovarian tumours. (International histological classification of tumours, No. 9.) Geneva: World Health Organization. 1973.
5. Talerman, A.: Ovarian pathology. Current Opinion in Obstetrics and Gynecology, *4*, 608–615 (1992).
6. Gompel, C., Silverberg, St. G.: Pathology in gynecology and obstetrics. 4th edn. J. B. Lippincott. 1994.

5.2 Tumoren der Tuba uterina

G. Breitenecker und *S. Lax*

I. Epithelial

A. Benign
    1. Papillom   M 80500
    2. Andere
B. Malign
    1. Adenokarzinom   M 81403
       a. Serös   M 84413
          (Variante: papillär)
       b. Andere
    2. Andere

II. Mesenchymal (siehe auch Tumoren der Weichgewebe)

A. Benign
    1. Leiomyom   M 88900
    2. Andere
B. Malign
    1. Leiomyosarkom   M 88903
    2. Andere

III. Verschiedene

    1. Adenomatoidtumor (Adenomatoides Mesotheliom)   M 90540
    2. Müller'sche Tumoren
       a. Adenosarkom   M 89603
       b. Karzinosarkom (Maligner mesodermaler Müller'scher
          Mischtumor)
          i. homolog   M 89803
          ii. heterolog   M 89513
    3. Benignes Teratom   M 90800
    4. Andere

IV. Metastatisch   M ____6

V. Unklassifiziert   M 8000_

VI. Tumoren des Trophoblasten

    1. Blasenmole   M 91000
    2. Choriokarzinom   M 91003
    3. Andere

VII. Tumorartig

1.	Tubenschwangerschaft	M 28070
2.	Adenomatöse Proliferation	M 76050
3.	Salpingitis isthmica nodosa	M 74200
4.	Endometriose	M 76500
5.	Deziduale Umwandlung	M 79500
6.	Walthard'sches Zellnest	M 26350
7.	Zysten	M 33400
	a. Fimbrienzyste	
	b. Parovarialzyste	
	c. Hydatide	
	d. Andere	
8.	Hydrosalpinx	M 33300
9.	Pyosalpinx	M 40460
10.	Hämatosalpinx	M 37000
11.	Andere	

Topographie - Codierung

snomed	*Lokalisation*
T86000	Tuba uterina,Lig.latum, Parametrium
T86100	Tuba uterina
T86110	Tuba uterina dex.
T86120	Tuba uterina sin.
T86300	Lig.latum
T86320	Mesosalpinx
T86400	Parametrium
T86700	Lig.teres uteri

Erläuterungen

Die Adenokarzinome der Tube sollten hinsichtlich ihres histologischen Differenzierungsgrades (G1, G2, G3–4) beurteilt werden, da dieser prognostische Aussagekraft besitzt.

Derzeit gibt es noch keine verbindliche TNM-Klassifikation der Tubenkarzinome. Folgende neue Klassifikation wird zur Testung empfohlen:

Provisorische TNM-Klassifikation der Tubenkarzinome

TNM	Tube	FIGO
T1	Begrenzt auf die Tube(n)	I
T1a	Eine Tube, Serosa intakt	IA
T1b	Beide Tuben, Serosa intakt	IB
T1c	Serosa durchwachsen, maligne Zellen in Aszites oder Peritonealspülung	IC
T2	Ausbreitung auf das Becken	II
T2a	Uterus, Ovarien	IIA
T2b	Andere Beckenorgane	IIB
T2c	Maligne Zellen in Aszites oder Peritonealspülung	IIC
T3 und/ oder N1	Peritonealmetastasen außerhalb des Beckens und/oder regionale Lymphknotenmetastasen	III
T3a	Mikroskopische Peritonealmetastasen	IIIA
T3b	Makroskopische Peritonealmetastasen ≤ 2 cm	IIIB
T3c und/ oder N1	Peritonealmetastasen > 2 cm und/oder regionäre Lymphknotenmetastasen	IIIC
M1	Fernmetastasen (ausgenommen Peritonealmetastasen)	
N	Regionäre Lymphknoten: hypogastische (obturatorische), an Aa. iliacae communes, Aa. iliacae externae, laterale sakrale, paraaortale, inguinale Lymphknoten.	
NX	Regionale Lymphknoten können nicht beurteilt werden	
N0	Keine regionalen Lymphknotenmetastasen	
N1	Regionale Lymphknotenmetastasen	

Literatur

1. Cote, R. A.: SNOMED. College of American Pathologists. 1979.
2. Kurman, R. J. (ed.): Blaustein's pathology of the female genital tract, 3rd and 4th edn. Berlin, Heidelberg, New York: Springer. 1987, 1994.
3. Gompel, C., Silverberg, St. G.: Pathology in gynecology and obstretics. 4th edn. Lippincott. 1994.

5.3 Tumoren des Corpus uteri einschließlich Plazenta

G. Breitenecker und *S. Lax*

I. Epithelial

A. Benign
   1. Polyp   M 76800
   2. Hyperplasie   M 72000
      a. Einfache (glandulär-zystisch)   M 72060
      b. Komplex (adenomatös)   M 72420

B. Intermediär
   1. Atypische Hyperplasie   M 72005
      a. Einfache   M 72005
      b. Komplex (adenomatös mit Atypien)   M 72425

C. Malign
   1. Endometrioides Adenokarzinom   M 83803
      Varianten:
      a. Sekretorischer Typ
      b. Flimmerepitheltyp
      c. Adenokarzinom mit Plattenepitheldifferenzierung
         i. Adenoakanthom   M 85703
         ii. Adenosquamöses Karzinom   M 85603
   2. Seröses Adenokarzinom   M 84413
   3. Klarzelliges Adenokarzinom   M 83103
   4. Muzinöses Adenokarzinom   M 84803
   5. Plattenepithelkarzinom   M 80703
   6. Gemischtes Karzinom   M 83233
   7. Undifferenziertes Karzinom   M 80203
   8. Andere

II. Mesenchymal (siehe auch Tumoren der Weichgewebe)

A. Benign
   1. Leiomyom   M 88900
      Varianten:
      a. Zellulär   M 88920
      b. Bizarr (pleomorph, symplastisch)   M 88930
      c. Epitheloid   M 88910
      d. Myxoid
      e. Lipoleiomyom
   2. Endometrialer Stromaknoten   M 89300
   3. Andere

B. Intermediär
   1. Intravenöses Leiomyom/intraven.Leiomyomatose   M 88901
   2. Leiomyom unsicherer Dignität*   M 88971

3. Disseminierte peritoneale Leiomyomatose   M 15820
   (diffuse Leiomyomatose)
4. Metastasierendes Leiomyom   M 88901

C. Malign
1. Leiomyosarkom   M 88903
   Varianten:
   a. Epitheloid   M 88913
   b. Myxoid   M 88963
2. Endometriales Stromasarkom n.m.P.*   M 89311
3. Endometriales Stromasarkom hoher maligner Potenz*   M 89303
4. Embryonales Rhabdomyosarkom   M 89103
5. Andere

III. Gemischte epitheliale – mesenchymale Tumoren

A. Benign
1. Adenofibrom   M 90130
2. Adenomyom   M 89320
   Variante:
        Atypisches polypoides Adenomyom
3. Andere

B. Malign
1. Müller'sche Tumoren
   a. Adenosarkom   M 89603
      i. Homolog
      ii. Heterolog
   b. Karzinofibrom
   c. Karzinosarkom (maligner mesodermaler Müller'scher
      Mischtumor   M 89503
      i. Homolog   M 89803
      ii. Heterolog   M 89513

IV. Tumoren des blutbildenden und lymphatischen Gewebes (siehe dort)

V. Verschiedene

1. Adenomatoidtumor   M 90540
2. Andere

VI. Tumoren des Trophoblasten

A. Benign
1. Blasenmole   M 91000
   i. Komplette Mole   M 91000
   ii. Partielle Mole   M 91030
2. Andere

B. Intermediär
1. Invasive Blasenmole (Chorioadenoma destruens)   M 91001
2. Trophoblasttumor der Plazentaimplantationsstelle*   M 91041
3. Andere

C. Malign
1. Choriokarzinom   M 91003
2. Andere

VII. Tumoren der Plazenta und Nabelschnur

1. Chorioangiom   M 91200
2. Andere

VIII. Metastatisch   M ___6

IX. Unklassifiziert   M 8000_

X. Tumorartig

1. Epitheliale Metaplasien*
   a. Plattenepithelmetaplasie incl. Morula
   b. Muzinöse (endozervikaler/intestinaler Typ)
   c. Flimmerepithelmetaplasie
   d. Klarzellige
   e. Eosinophile incl. onkozytäre
   f. Syncytiale Oberflächenveränderungen
   g. Papilläre Veränderungen
   h. Arias-Stella-Phänomen
2. Nichtepitheliale Metaplasie
   a. Leiomyogene
   b. Knöcherne
   c. Knorpelige
   e. Fettige
   f. Gliale
   g. Schaumzellige
3. Fetale Anteile
4. Adenomyose
5. Epitheliale Zysten des Myometriums
6. Chronische Endometritis
7. Lymphomähnliche Veränderungen
8. Entzündlicher Pseudotumor
9. Andere

Topographie - Codierung

snomed	*Lokalisation*
T 82000	Uterus o.n.A.
T 84000	Endometrium
T 85000	Myometrium
T 82200	Fundus uteri
T 82300	Isthmus uteri
T 83000	Cervix uteri
T 82100	Corpus uteri
T 86400	Parametrium
T 88000	Plazenta, Fötale Membranen und Nabelschnur
T 88100	Plazenta
T 88200	Fötale Membranen
T 88800	Nabelschnur
T 88110	Trophoblast
T 88205	Decidua
T 88210	Chorion
T 88220	Plazentazotten
T 8Y300	Amnionflüssigkeit

T N M - Klassifikation

TNM	Corpus uteri	FIGO
Tis	(Carcinoma in situ)	0
T1	Begrenzt auf Corpus	I
T1a	Endometrium	IA
T1b	≤ 1/2 Myometrium	IB
T1c	> 1/2 Myometrium	IC
T2	Ausbreitung auf Zervix	II
T2a	Nur endozervikale Drüsen	IIA
T2b	Zervixstroma	IIB
T3 und/ oder N1	Lokal und/oder regionär wie nachstehend spezifiziert	III
T3a	Serosa/Adnexe/positive Peritonealzytologie	IIIA
T3b	Vagina	IIIB
N1	Regionäre Lymphknoten	IIIC
T4	Schleimhaut von Blase/Rektum	IVA
M1	Fernmetastasen	IVB
N	Regionäre Lymphknoten: Beckenlymphknoten (hypogastrische an Aa. obturatoriae und iliacae internae, an Aa. iliacae communes und externae, parametrane und sakrale); paraaortale Lymphknoten.	
NX	Regionäre Lymphknoten können nicht beurteilt werden	
N0	Keine regionären Lymphknotenmetastasen	
N1	Regionäre Lymphknotenmetastasen	

Provisorische TM-Klassifikation der Trophoblasttumoren

TM	Trophoblasttumor	FIGO
T1	Tumor begrenzt auf den Uterus	I
T2	Übergreifen auf andere Genitalorgane: Vagina, Ovar, Ligamentum latum, Tuben (metastatisch oder direkt)	II
M1a	Lungenmetastasen	III
M1b	Metastasen (z.B. Gehirn) mit/ohne Lungenbeteiligung	IV

Erläuterungen

Alle malignen Tumoren des weiblichen Genitaltraktes sollten nach histologischer Aufarbeitung nach dem pTNM-System der UICC (4) klassifiziert werden.

Die Karzinome des Corpus uteri sollten auch hinsichtlich ihres histologischen Differenzierungsgrades (G1, G2, G3–4) beurteilt werden, da dieser prognostische Aussagekraft besitzt (1,4).

Grading bei endometrioiden Adenokarzinomen. Es wird das Ausmaß der soliden Tumoranteile (mit Ausnahme plattenepithelialer Anteile) beurteilt. G1: 5%; G2: 5–50%; G3: über 50% solide Anteile. Bei ausgeprägter Kernatypie wird der Differenzierungsgrad um eine Stufe herabgesetzt. Bei serösen, klarzelligen und Plattenepithelkarzinomen wird ausschließlich ein nukleäres Grading vorgenommen.

II.B.2. Leiomyogene Tumoren unsicherer Dignität. Bei den leiomyogenen Tumoren mit üblichem histologischem Bild werden folgende Kriterien zur Definition „unsichere Dignität" herangezogen:

Zytologische Atypien und 2–5 Mitosen/Hpf.

Zellreichtum, keine Atypien und 5–10 Mitosen/10 Hpf.

Normaler Zellgehalt, keine Atypien, 10–15 Mitosen/10 Hpf.

Infiltratives Wachstum und 5–10 Mitosen/10 Hpf.

Atypische Mitosen jeder Zahl oder Tumorzellnekrosen.

Bezüglich der Beurteilung der Dignität der Tumoren mit speziellen Zelltypen siehe AFIP-Atlas (3).

II.C.2.u.3. Endometriales Stromasarkom niedriger maligner Potenz (früher Stromatose oder endolymphatische Stromamyose). Derzeit 2 übliche Definitionen (3):

1. (Norris und Taylor, 1966): Max. 9 Mitosen pro 10 Gesichtsfelder bei 400facher Vergrößerung.

2. (AFIP-Atlas Nr. 3): Ausschlaggebend ist die zelluläre Atypie, die bei LGSS nicht ausgeprägt, bei HGSS jedoch deutlich ausgeprägt sein muß.

VI.B.2. Trophoblasttumor der Plazentaimplantationsstelle (Placental site trophoblastic tumour der angloamerikanischen Literatur): Die meisten Fälle sind benigne, 5–10 % zeigen jedoch einen äußerst malignen Verlauf (3).

X.1. Epitheliale Metaplasien: Diese Veränderungen finden sich häufig vergesellschaftet mit Karzinomen des Endometriums.

Literatur

1. Creasman, W. T.: New gynecologic cancer staging. Obstet. Gynecol. *75,* 287 (1990).
2. Kurman, R. J. (ed.): Blaustein's pathology of the female genital tract, 3rd and 4th edn., Berlin, Heidelberg, New York: Springer. 1987, 1994.
3. Silverberg, S. G., Kurman, R. J.: Tumours of the uterine corpus and gestational trophoblastic disease. AFIP, 3rd Series, Fasc. 3. Washington, D.C. 1992.
4. UICC: TNM-Klassifikation maligner Tumoren, 4. Aufl., 2. Revision. Berlin, Heidelberg, New York: Springer. 1992. TNM-Supplement 1993.
5. Scully, R. E., Bonfiglio, T. A., Kurman, R. J., Silverberg, S. G., Wilkinson, E. J.: Histological typing of female genital tract tumours. WHO, 2nd edn., 1994.

5.4 Tumoren der Cervix uteri

G. Breitenecker und *S. Lax*

I. Epithelial

A. Benign
1. Plattenepithelpapillom   M 80520
2. Condyloma acuminatum   M 76720
3. Andere

B. Intermediär
1. Cervikale intraepitheliale Neoplasie = CIN*   M 74000
   a. CIN 1, leichte Dysplasie   M 74006
   b. CIN 2, mäßige Dysplasie   M 74007
   c. CIN 3, schwere Dysplasie   M 74008
   d. CIN 3, Carcinoma in situ   M 80702
2. CIN mit fraglicher oder minimaler Stromainvasion*   M 80762
3. Glanduläre Dysplasie   M 74000
4. Adenocarcinoma in situ (ACIS)   M 81402

C. Malign
1. Plattenepithelkarzinom   M 80703
   a. Verhornend   M 80713
   b. Nicht verhornend   M 80723
   c. Verrukös   M 80513
   d. Condylomatös
   e. Papillär   M 80823
   f. Lymphoepitheliomatös
   g. Andere
2. Adenokarzinom   M 81403
   a. Muzinös   M 84803
      i. Endocervikaler Typ
         Variante:
         Adenoma malignum
      ii. Intestinaler Typ   M 81443
      iii. Siegelringzelltyp   M 84903
   b. Endometrioid   M 83803
      Variante:
      Mit Plattenepithelmetaplasie (Adenoakanthom)   M 85703
   c. Klarzellig   M 83103
   d. Serös   M 84413
   e. Papillär (villoglandulär)   M 82603
   f. Mesonephrisch   M 91103
3. Adenoid-zystisches Karzinom   M 82003
4. Adenoid-basalzelliges Karzinom   M 80923
5. Adenosquamöses Karzinom   M 85603
6. Mukoepidermoidkarzinom   M 84303
7. „Glassy Cell" Karzinom

   8. Kleinzelliges Karzinom   M 80413

   9. Karzinoidtumor   M 82403

  10. Undifferenziertes Karzinom   M 80203

  11. Andere

II. Mesenchymal (siehe auch Tumoren der Weichgewebe)

A. Benign
   1. Leiomyom   M 88900

   2. Andere

B. Malign
   1. Leiomyosarkom   M 88903

   2. Endozervikales Stromasarkom   M 89303

   3. Embryonales Rhabdomyosarkom (Sarcoma botryoides)   M 89103

   4. Endometrioides Stromasarkom   M 89303

   5. Andere

III. Gemischte epitheliale-mesenchymale Tumoren

A. Benign
   1. Adenofibrom   M 90130

   2. Adenomyom
      Variante:
      Atypisches polypoides Adenomyom

   3. Andere

B. Malign
   1. Müller'sche Tumoren
      a. Adenosarkom   M 89333
        i. Homolog
        ii. Heterolog
      b. Maligner mesodermaler Müller'scher Mischtumor   M 89503
        (Karzinosarkom)
        i. Homolog   M 89803
        ii. Heterolog   M 89513

   2. Andere

IV. Tumoren des blutbildenden lymphatischen Gewebes (siehe dort)

V. Verschiedene

   1. Nävuszellnävus   M 87200

   2. Malignes Melanom   M 87203

   3. Keimzelltumoren (siehe dort)

   4. Andere

VI. Metastatisch

VII. Unklassifiziert

VIII. Tumorartig

1. Reservezellhyperplasie	M 72120
2. Plattenepithelmetaplasie	M 73220
3. Andere Metaplasien (Übergangszell-, Tubenepithel-, Intestinale)	
4. Polyp	M 76800
Variante:	
Mesodermaler Stromapolyp (Pseudosarcoma botryoides)	
5. Schleimhauthyperplasie	M 72000
6. Gartnergangreste (mesonephrische Reste)	M 26370
i. Gartnergangzyste	M 26500
ii. Gartnerganghyperplasie	
7. Deziduale Umwandlung	M 79500
8. Mikroglanduläre Hyperplasie	M 72420
9. Endometriose	M 76500
10. Zysten	M 33400
11. „Tunnel cluster"	
12. Traumatisches (Amputations) Neurom	M 49770
13. Andere	

Topographie - Codierung

snomed	*Lokalisation*
T 82000	Uterus o.n.A.
T 84000	Endometrium
T 85000	Myometrium
T 82200	Fundus uteri
T 82300	Isthmus uteri
T 83000	Cervix uteri
T 82100	Corpus uteri
T 86400	Parametrium

TNM-Klassifikation

TNM	Cervix uteri	FIGO
Tis	Carcinoma in situ	0
T1	Begrenzt auf Uterus	I
T1a	Diagnose nur durch Mikroskopie	IA
T1a1	Minimale Stromainvasion	IA1
T1a2*	Tiefe ≤ 5 mm, horizontale Ausbreitung ≤ 7 mm	IA2
T1b	Läsionen größere als T1a2	IB

T2	Ausdehnung jenseits Uterus, aber nicht zur Beckenwand und nicht zu Vagina/unteres Drittel	II
T2a	Parametrium frei	IIA
T2b	Parametrium befallen	IIB
T3	Ausdehnung zu Vagina/unteres Drittel/Beckenwand/Hydronephrose	III
T3a	Vagina/unteres Drittel	IIIA
T3b	Beckenwand/Hydronephrose	IIIB
T4	Schleimhaut von Harnblase/Rektum/jenseits kleines Becken	IVA
M1	Fernmetastasen	IVB

* Neuerdings wird von der UICC eine Unterteilung von pT 1a2 in
i) max. Invasionstiefe 3 mm und
ii) max. Invasionstiefe 5 mm vorgeschlagen (4).

N	Regionäre Lymphknoten: parazervikale, parametrane, hypogastrische (Obturator-) Lymphknoten, die der Aa. iliacae communes, internae und externae, sowie die präsakralen und lateralen sakralen Lymphknoten.
NX	Regionäre Lymphknoten können nicht beurteilt werden.
N0	Keine regionären Lymphknotenmetastasen.
N1	Regionäre Lymphknotenmetastasen.

Neuerdings wird von der UICC eine Unterteilung von
N1 für Studienzwecke vorgeschlagen:

N1a	Metastasen in 1-2 regionären Lymphknoten unterhalb der A. iliaca communis.
N1b	Metastasen in 3 oder mehr Lymphknoten unterhalb der A. iliaca communis
N1c	Metastasen in jeglichem Lymphknoten entlang der A. iliaca communis.

Erläuterungen

I.B.1. Im „**Bethesda System**" für die gynäkologische Zytologie werden HPV-assoziierte Veränderungen zusammen mit CIN 1 in die Gruppe der LSIL (low grade squamous intraepithelial lesions) und CIN 2 und CIN 3 in die Gruppe HSIL (highgrade squamous intraepithelial lesions) zusammen gefaßt (5).

I.B.2. Fragliche Stromainvasion: Vorliegen eines karzinomatösen Plattenepithels an der Oberfläche oder in Zervixdrüsen, bei dem die Epithel-Stroma-Grenze durch dichte entzündliche Infiltration nicht exakt beurteilbar und daher eine beginnende Stromainvasion nicht ausgeschlossen ist.

Die **minimale Stromainvasion, Stadium pT 1A1** wird von der UICC nicht definiert. Nach unserer Definition: die Epithel-Stroma-Grenze ist an einer oder mehreren Stellen nicht mehr völlig gewahrt, die maximale Eindringtiefe invasiver Tumorzellgruppen beträgt 1 mm, gemessen vom Ausgangspunkt der Invasion. Die invasiven Tumorzellgruppen stehen noch im Zusammenhang mit dem karzinomatösen Oberflächenbelag und sind oft höher differenziert. Abtropfen von Tumorzellgruppen in das Stroma nicht nachweisbar, keine Beziehung zu Lymph- oder Blutgefäßen. Nach dem heutigen Wissensstand ist eine eingeschränkte Therapie in diesen Fällen vertretbar (Konisation oder einfache Uterusexstirpation), da Metastasen bei Fällen, die diesen strengen Kriterien entsprechen, in der Literatur bisher noch nicht beschrieben wurden. Voraussetzung ist eine exakte Aufarbeitung von Konisationspräparaten in Serienstufenschnitten.

Darüber hinausgehend = **pT 1A2**: Karzinom mit einer maximalen Invasionstiefe von 5 mm, gemessen von der Basis des Epithels und einer maximalen horizontalen Ausdehnung des invasiven Areals von 7 mm. Die Diagnose sollte nur dann gestellt werden, wenn die gesamte Veränderung in Serienstufenschnitten aufgearbeitet wurde. Neuerdings wird eine Unterteilung des Stadiums pT 1a2 in i) max. Invasionstiefe 3 mm und ii) max. Invasionstiefe 5 mm vorgeschlagen (4).

Literatur

1. Kurman, R. J. (ed.): Blaustein's pathology of the female genital tract,3rd and 4th edn. Berlin, Heidelberg, New York: Springer. 1987, 1994.
2. Scully, R. E., Bonfiglio, T. A., Kurman, R. J., Silverberg, S. G., Wilkinson, E. J.: Histological typing of female genital tract tumours, 2. Aufl. (International histological classification of tumours): World Health Organisation. Springer. 1994.
3. Kurman, R. J., Norris, H. J., Wilkinson, E. J.: Tumours of the Cervix, Vagina and Vulva. AFIP, 3rd Series, Fasc. 4. Washington, D.C., 1992.
4. UICC: TNM-Klassifikation maligner Tumoren 4. Aufl., 2. Revision. Berlin, Heidelberg, New York: Springer. 1992. TNM-Supplement, 1993.
5. Kurman, R. J., Solomon, D.: The Bethesda System for reporting cervical/vaginal cytologic diagnoses. Springer. 1994.

5.5 Tumoren der Vagina

G. Breitenecker und *S. Lax*

I. Epithelial

A. Benign
    1. Plattenepithelpapillom   M 80520
    2. Condyloma acuminatum   M 76720
    3. Urotheliale Metaplasie   M 73260
    4. Andere
B. Intermediär
    1. Vaginale intraepitheliale Neoplasie = VAIN   M 74000
        a. VAIN 1, leichte Dysplasie   M 74006
        b. VAIN 2, mäßige Dysplasie   M 74007
        c. VAIN 3, schwere Dysplasie   M 74008
        d. VAIN 3, Carcinoma in situ   M 80702
C. Malign
    1. Plattenepithelkarzinom   M 80703
        a. Verhornend   M 80713
        b. Nicht verhornend   M 80723
        c. Verrukös   M 80513
        d. Condylomatös
    2. Adenokarzinom   M 81403
        a. Endometrioid   M 83803
        b. Endocervikal
        c. Intestinal   M 81443
        d. Klarzellig   M 83103
        e. Mesonephrisch   M 91103
    3. Adenoid-zystisches Karzinom   M 82003
    4. Adenoid-basalzelliges Karzinom   M 80923
    5. Adenosquamöses Karzinom   M 85603
    6. Mukoepidermoidkarzinom   M 84303
    7. Kleinzelliges Karzinom   M 80413
    8. Karzinoidtumor   M 82403
    9. Undifferenziertes Karzinom   M 80203
    10. Andere

II. Mesenchymal (siehe auch Tumoren der Weichgewebe)

A. Benign
    1. Leiomyom   M 88900
    2. Andere
B. Malign
    1. Leiomyosarkom   M 88903
    2. Embryonales Rhabdomyosarkom (Sarkoma botryoides)   M 89103
    3. Andere

III. Gemischte epitheliale-mesenchymale Tumoren

1. Mischtumor	M 89400
2. Adenosarkom	M 89333
3. Maligner mesodermaler Müller'scher Mischtumor (Karzinosarkom)	M 89513
4. Andere	

IV. Tumoren des blutbildenden Systems (siehe dort)

V. Verschiedene

A. Benign

1. Nävuszellnävus	M 87200
2. Blauer Nävus	
3. Andere	

B. Malign

1. Malignes Melanom	M 87203
2. Keimzelltumoren (siehe dort)	
3. Andere	

VI. Metastatisch

VII. Unklassifiziert

VIII. Tumorartig

1. Polyp	
a. Granulationsgewebspolyp	M 45020
b. Fibroepithelialer Polyp	M 76800
c. Andere	
2. Endometriose	M 76500
3. Adenose	M 74200
Variante:	
i. Atypische Adenose	
4. Gartnergangrest	M 26370
5. Zysten	
a. Epidermoidzyste	M 33410
b. Gartnergangzyste (mesonephroid)	M 26500
c. Müller'sche Zyste	
d. Andere	
6. Deziduale Umwandlung	M 79500
7. Andere	

Topographie – Codierung

snomed	Lokalisation
T 81000	Vagina
T 81110	Fornix vaginal

T N M - Klassifikation

TNM	Vagina	FIGO
T1	Vaginalwand	I
T2	Paravaginales Gewebe, nicht bis Beckenwand	II
T3	Ausbreitung zur Beckenwand	III
T4	Schleimhaut von Blase/Rektum, jenseits Becken	IVA
obere zwei Drittel		
N1	Beckenlymphknoten	III
unteres Drittel		
N1	Unilateral inguinal	IVA
N2	Bilateral inguinal	IVA
M1	Fernmetastasen	IVB
N	Regionäre Lymphknoten. Obere zwei Drittel der Vagina: Beckenlymphknoten. Unteres Drittel der Vagina: inguinale Lymphknoten.	
NX	Regionäre Lymphknotenmetastasen können nicht beurteilt werden.	
N0	Keine regionären Lymphknotenmetastasen.	
N1	Regionäre Lymphknotenmetastasen.	

Literatur

1. Kurman, R. J. (ed.): Blaustein's pathology of the female genital tract, 3rd and 4th edn. Berlin, Heidelberg, New York: Springer. 1987, 1994.
2. Kurman, R. J., Norris, H. J., Wilkinson, E. J.: Tumours of the cervix, vagina and vulva. AFIP, 3rd Series, Fasc. 4. Washington, D.C., 1992.
3. Scully, R. E., Bonfiglio, T. A., Kurman, R. J., Silverberg, S. G., Wilkinson, E. J.: Histological typing of female genital tract tumours, 2. Aufl. (International Histological Classification of Tumours): World Health Organisation. Springer. 1994.
4. UICC: TNM-Klassifikation maligner Tumoren, 4. Aufl., 2. Revision. Berlin, Heidelberg, New York: Springer, 1992. TNM-Supplement, 1993.

5.6 Tumoren der Vulva

G. Breitenecker und *S. Lax*

I. Epithelial

A. Benign
1. Plattenepithelpapillom — M 80520
2. Papilläres Hidradenom — M 84050
3. Condyloma acuminatum — M 76720
4. Fibroepithelialer Polyp — M 76810
5. Andere

B. Intermediär
1. Vulväre intraepitheliale Neoplasie=VIN* — M 74000
   a. VIN 1, leichte Dysplasie — M 74006
   b. VIN 2, mäßige Dysplasie — M 74007
   c. VIN 3, schwere Dysplasie — M 74008
   d. VIN 3, Carcinoma in situ — M 80702

C. Malign
1. Plattenepithelkarzinom — M 80703
   a. Verhornend — M 80713
   b. Nicht verhornend — M 80723
   c. Verrukös — M 80513
   d. Condylomatös
   e. Basaloid
2. Adenokarzinom — M 81403
3. Basaliom — M 80903
4. Paget-Karzinom — M 85423
5. Andere

II. Mesenchymal (siehe Tumoren der Weichgewebe)

A. Benign

B. Malign
1. Embryonales Rhabdomyosarkom (Sarcoma botryoides) — M 89103
2. Andere

III. Tumoren der Haut (siehe dort)

IV. Verschiedene

1. Nävuszellnävus — M 87200
2. Malignes Melanom — M 87203
3. Granularzelltumor — M 95800
4. Tumoren aus heterotopem Mammagewebe (siehe Tumoren der Mamma)
5. Andere

V. Tumoren des blutbildenden lymphatischen Gewebes (siehe dort)

VI. Metastatisch   M ___6

VII. Unklassifiziert   M 8000_

VIII. Tumorartig

1. Heterotopes Mammagewebe	
2. Zysten	M 33400
a. Bartholinische Zyste	M 33400
b. Gartnergangzyste (mesonephroid)	M 26370
c. Epidermoidzyste	M 33410
d. Mucinöse Zyste	M 33790
e. Periurethrale Zyste	M 33400
f. Andere	
3. Lichen sclerosus (früher hypoplastische Dystrophie)	M 58240
4. Plattenepithelhyperplasie (früher hyperplastische Dystrophie)	M 72000
5. Pseudoepitheliomatöse Hyperplasie	M 72090
6. Endometriose	M 76500
7. Dezidua	M 79510
8. Andere	

Topographie - Codierung

Äußeres weibliches Genitale	T80100
Vulva n.n.b.	T80220
Vulva rechte Seite	T80110
Vulva linke Seite	T80120
Mons pubis	T80200
Labium majus	T80220
Labium minus	T80300
Klitoris	T80400
Bartholinische Drüse	T80500
Hintere Kommissur	T80240

T N M - Klassifikation (Kurzfassung)

TNM	Vulva
T1	Begrenzt auf Vulva/Peritoneum, ≤ 2cm
T2	Begrenzt auf Vulva/Peritoneum, > 2cm
T3	Untere Urethra/Vagina/Anus
T4	Blasenschleimhaut/Rektumschleimhaut, Schleimhaut der oberen Urethra, Knochen
N	Regionäre Lymphknoten: Femorale und inguinale Lymphknoten.
NX	Regionäre Lymphknoten können nicht beurteilt werden.
N0	Keine regionären Lymphknotenmetastasen.
N1	Unilaterale regionäre Lymphknotenmetastasen.
N2	Bilaterale regionäre Lymphknotenmetastasen.

Literatur

1. Kurman, R. J. (ed).: Blaustein's Pathology of the female genital tract, 3rd and 4th edn. Berlin, Heidelberg, New York: Springer. 1987, 1994.
2. Kurman, R. J., Norris, H. J., Wilkinson, E. J.: Tumours of the cervix, vagina and vulva. AFIP, 3rd Series, Fasc. 4. Washington, D.C., 1992.
3. Scully, R. E., Bonfiglio, T. A., Kurman, R. J., Silverberg, S. G., Wilkinson, E. J.: Histological typing of female genital tract tumours, 2. Aufl. (International Histological Classification of Tumours): World Health Organisation. Springer. 1994.
4. UICC: TNM-Klassifikation maligner Tumoren, 4. Aufl., 2. Revision. Berlin, Heidelberg, New York: Springer. 1992. TNM-Supplement, 1993.

5.7 Gynäkologische Zytologie

G. Breitenecker, H. Fladerer und *M. Ratschek*

Klassifikation, Nomenklatur und Befundwiedergabe zytologischer Vaginalabstriche

Empfehlung der Österreichischen Gesellschaft für angewandte Zytologie (1989)

A. Qualität
a. Repräsentatives, gut beurteilbares Zellmaterial
b. Eingeschränkt beurteilbar wegen .....
c. Nicht beurteilbar, wegen ......

B. Klassifikationsschema

Gruppe	Zytologischer Befund	Empfehlung
I	Normales Zellbild; Zytolyse; atrophisches Zellbild ohne Degeneration; leichte Entzündung ohne Epithelzellalteration.	Kontrolle in einem Jahr
II	Stärkere entzündliche, regenerative, metaplastische oder degenerative Veränderungen; normale Endometriumzellen, auch nach der Menopause. Hyper- und Parakeratose; atrophisches Zellbild mit Degeneration; HPV-assoziierte Veränderungen (ohne auffällige Kernveränderungen).	Eventuelle Abstrichwiederholung (nach entsprechender Therapie)
III	Schwere entzündliche und/oder degenerative Veränderungen mit nicht sicher beurteilbarer Dignität (CIN oder invasives Karzinom nicht auszuschließen).	Kurzfristige zytologische Kontrolle (eventuell nach Aufhellungsbehandlung)
III D	Zellen einer leichten bis mäßigen Dysplasie (CIN 1 bis 2).	Zytologische Kontrolle in 3 Monaten

III G	Drüsen- oder Stromazellen des Endometriums nach der Menopause, Neoplasie nicht auszuschließen.	Fraktionierte Curretage
IV	Zellen einer mäßigen bis schweren Dysplasie oder eines Ca in situ (CIN 2 bis 3). Kein sicherer Anhaltspunkt für eine Invasion.	Histologische Klärung
V	Zellen eines vermutlich invasiven Zervixkarzinoms oder anderer maligner Tumore	Histologische Klärung (gezielte Biopsie)

Münchner Nomenklatur II - für die gynäkologische Zytodiagnostik

(Erläuterungen und Befundwiedergabe)

Das vorliegende Schema zur Nomenklatur und Befundwiedergabe in der gynäkologischen Zytologie stellt eine Ergänzung und Differenzierung der "Münchner Nomenklatur" von 1975 dar. Dabei ist eine textliche Beschreibung und/oder eine Wertung aller zytologischen Befunde obligatorisch. Die unter D. angegebenen diagnostischen Gruppen dienen neben der Befundklassifizierung auch der statistischen Erfassung und der Qualitätssicherung.

A. Qualität des Abstrichs
1. Ausreichend
2. Bedingt ausreichend
3. Nicht ausreichend

Bei Abstrichen mit bedingter ausreichender oder nicht ausreichender Qualität ist die Ursache hiefür anzugeben. Beispiele für mögliche Ursachen einer bedingt ausreichenden oder nicht ausreichenden Qualität des Abstrichs:
a. Zu wenig Zellmaterial
b. Unzureichende Fixierung
c. Schwere degenerative Zellveränderungen
d. Starke Entzündung
e. Stark blutiger Abstrich
f. Starke Zellüberlagerungen
g. Keine endozervikalen Zellen

B. Proliferationsgrad - Angabe nach A. Schmitt

C. Mikroorganismen

Beispiele:

a. Döderleinflora mit oder ohne Zytolyse
b. Bakterielle Mischflora
c. Kokkenflora/Gardnerella
d. Pilze
e. Trichomonaden
f. Sonstige

D. Klassifikation zytologischer Befunde

Gruppe   Begriffsdefinition der Gruppen

I   Normales Zellbild, dem Alter entsprechend, einschließlich
          leichter entzündlicher und degenerativer Veränderungen,
          sowie bakterieller Zytolyse.

II   Deutlich entzündliche Veränderungen an Zellen des Platten- und
          zervikalen Zylinderepithels. Zellen aus einem Regenerationsepithel,
          unreife metaplastische Zellen, stärkere degenerative
          Zellveränderungen, Para- und Hyperkeratosezellen. Normale
          Endometriumzellen, auch nach der Menopause. Ferner spezielle
          Zellbilder wie follikuläre Zervizitis, Zellveränderungen
          bei IUP. Zeichen einer HPV-Infektion ohne wesentliche
          Kernveränderungen, Zeichen einer Herpes oder
          Zytomegalievirusinfektion.
          Empfehlung: Gegebenenfalls zytologische Kontrolle, Zeitabstand
          je nach klinischem Befund - eventuell nach vorheriger
          Entzündungsbehandlung oder Aufhellung durch Hormongaben.

III   Unklarer Befund: Schwere entzündliche, degenerative oder iatrogene
          Zellveränderungen, die eine sichere Beurteilung zwischen
          gut- und bösartig nicht zulassen. Auffällige Zellen eines
          Drüsenepithels, deren Herkunft aus einem Karzinom nicht sicher
          auszuschließen ist, möglichst mit Hinweis, ob die Zellen
          endometrialen, endozervikalen oder extrauterinen Ursprungs sind.
          Empfehlung: Je nach klinischem Befund kurzfristige zytologische
          Kontrolle oder sofortige histologische Abklärung.

III D   Zellen einer Dysplasie leichten bis mäßigen Grades (Zeichen einer
          HPV-Infektion sollten besonders erwähnt werden).
          Empfehlung: Kontrolle in 3 Monaten.

IV a   Zellen einer schweren Dysplasie oder eines Carcinoma in situ
          (Zeichen einer HPV-Infektion sollten besonders erwähnt werden).
          Empfehlung: Histologische Klärung, ausnahmsweise zytologische
          Kontrollen.

IV b   Zellen einer schweren Dysplasie oder eines Carcinoma in situ
              Zellen eines invasiven Karzinoms nicht auszuschließen.
              Empfehlung: Histologische Klärung.

V   Zellen eines malignen Tumors - Zellen eines Plattenepithelkarzinoms
              (verhornend oder nicht verhornend) - Zellen eines Adenokarzinoms,
              möglichst mit Hinweis, ob endometrialen, endozervikalen oder
              extrauterinen Ursprungs - Zellen sonstiger maligner Geschwülste.
              Empfehlung: Histologische Klärung.

Topograpie - Codierung

snomed	*Lokalisation*
T 8X110	zytol. Mat. der Vulva
T 8X210	zytol. Mat. der Vagina
T 8X300	Zervixschleim
T 8X310	Zytologisches Material der Cervix
T 8X400	Sekret d. Endometriums
T 8X430	Zytol. Material des Endometriums

Das Bethesda-System

Das 1988 vom National Cancer Institute (NCI) entwickelte Schema für die gynäkologische Zytologie sieht nur noch eine verbale Befundung vor, in der

1. die qualitative Beurteilbarkeit (Repräsentativität) des zytologischen Materials und
2. die benignen (reaktiven) und/oder neoplastischen Zellveränderungen deskriptiv beurteilt werden.

Descriptive Diagnoses

Benign Cellular Changes

Infection

Trichomonas vaginalis
Fungal organisms morphologically consistent with *Candida* spp.
Predominance of coccobacilli consistent with shift in vaginal flora
Bacteria morphologically consistent with *Actinomyces* spp.
Cellular changes associated with Herpes simplex virus
Other*

Reactive Changes

Reactive Cellular Changes Associated With:
Inflammation (includes typical repair)
Atrophy with inflammation ("atrophic vaginitis")
Radiation
Intrauterine contraceptive device (IUD)
Other

Epithelial Cell Abnormalities

Squamous Cell

Atypical squamous cells of undetermined significance (ASCUS): Qualify**
Low-grade squamous intraepithelial lesion (LSIL)
    Encompassing: Human papillomavirus (HPV)*/mild dysplasia/cervical
    Intraepithelial neoplasia (CIN) 1
High-grade squamous intraepithelial lesion (HSIL)
    Encompassing: Moderate dysplasia, severe dysplasia, and carcinoma in
    situ/CIN 2 and CIN 3
Squamous cell carcinoma

Glandular Cell

Endometrial cells, cytologically benign, in a postmenopausal woman
Atypical glandular cells of undetermined significance (AGUS): Qualify**
Endocervical adenocarcinoma
Endometrial adenocarcinoma
Extrauterine adenocarcinoma
Adenocarcinoma, NOS

Other Malignant Neoplasms

Specify

  * Cellular changes of HPV cytopathic effect, previously termed "koilocytosis,"
     "koilocytotic atypia," or "condylomatous atypia," are included in the category of
     LSIL.
** Atypical squamous or glandular cells of undetermined significance should be quali-
     fied further, if possible, as to whether a reactive or a neoplastic process is favored.

Kommentar

Die Klassifikation der Österr. Gesellschaft für angewandte Zytologie (1989) unterscheidet sich von der Münchner Nomenklatur II im wesentlichen in folgenden Punkten:
1. **III G** für atypische Zellen des Endometriums nach der Menopause in der Österr.
Klassifikation (in der Münchner Nomenklatur in der Gruppe III subsummiert).
2. Die in der Münchner Nomenklatur durchgeführte Unterteilung der Gruppe IV in **IV
a und IV b** unterbleibt in der Österr. Klassifikation.
Im *Bethesda-System* entsprechen HPV-bedingte Läsionen und die cervikalen intraepi-
thelialen Neoplasien (CIN) dem Begriff **SIL (squamous intraepithelial lesion)**, die
unterteilt werden in eine
LSIL (low grade): beinhaltend Koilocytose und leichte Dysplasie (CIN I) analog Gruppe
II mit HPV-assoziierten Zellveränderungen und III D (geringe Dysplasie, CIN I)
HSIL (high grade): mittelgradige und schwere Dysplasie, Carcinoma in situ (CIN II und
III), analog Gruppe III D (mittelgradige Dysplasie, CIN II) und Gruppe IV
Die Bezeichnungen **ASCUS** (atypical squamous cells of undetermined significance) und
AGUS (atypical glandular cells of undetermined significance) entsprechen weitgehend
den Gruppen II und III (bzw. III G).
Die deutschsprachigen zytologischen Gesellschaften haben einvernehmlich beschlos-
sen, die **Gruppeneinteilung zusätzlich zu einer deskriptiven Beurteilung** beizubehal-
ten.

Literatur

1. Breitenecker, G., et al.: Gynäkologische Zytologie – Aktuelle Probleme. Beitr. Onkol. *38,* 132–151 (1990).
2. Soost, H.-J., et al.: Gynäkologische Zytodiagnostik, Lehrbuch und Atlas. Stuttgart: Georg Thieme. 1992.
3. Kurman, R. J., Solomon, D.: The Bethesda system for reporting cervical /vaginal cytologic diagnoses. New York: Springer. 1994.
4. Scully, R. E., Bonfiglio, T. A., Kurman, R. J., Silverberg, S. G., Wilkinson, E. J.: Histological typing of female genital tract tumors. Berlin, Heidelberg: Springer. 1994.

6. Tumoren der Brustdrüse

J. H. Holzner und *A. Reiner*

I. Epitheliale Tumoren

A. Benign
    1. Intraduktales Papillom   M 85030
        a. Zentral (solitär oder polyradikulär)
        b. Peripher*
    2. Adenom*   M 81400
        a. Tubulär   M 82110
        b. Laktierend*
    3. Adenom der Mamilla   M 85060
    4. Andere*

B. Intermediär
    1. Lobuläre Neoplasie*
       (lobuläres Ca in situ)   M 85202

C. Malign
    1. Intraduktales Karzinom*   M 85002
       (duktales Ca in situ)
       Varianten:
       a. Solid
       b. Komedoartig
       c. Papillär
       d. Kribriform
       e. Tapetoid-mural („clinging")
       f. Arkuär („bridging")
       g. intrazystisch-papillär
    2. Invasives duktales Karzinom mit überwiegend
       intraduktalem Anteil   M 85003
    3. Invasives duktales Karzinom NOS*   M 85213
    4. Invasives lobuläres Karzinom*   M 85203
       a. Klassischer Typ
       b. Varianten *
    5. Muzinöses Karzinom*   M 84803
    6. Medulläres Karzinom mit lymphoidem Stroma*   M 85103
    7. Invasives papilläres Karzinom   M 85033

   8. Invasives kribriformes Karzinom   M 82013
   9. Tubuläres Karzinom   M 82113
10. Adenoid-zystisches Karzinom   M 82003
11. Sekretorisches (juveniles) Karzinom   M 85023
12. Apokrines Karzinom   M 85733
13. Karzinom mit Metaplasie
     a. Plattenepitheliale Metaplasie   M 85703
     b. Spindelzellige Metaplasie   M 85723
     c. Knorpelige und knöcherne Metaplasie   M 85713
     d. Mischtypen
14. Andere*
15. PAGET'sche Erkrankung der Mamilla   M 85403
     a. Isoliert
     b. Mit intraduktalem Karzinom
     c. Mit invasivem duktalem Karzinom   M 85413

II. Gemischt epitheliale und mesenchymale Tumoren

A. Fibroadenom   M 90100
B. Phyllodes-Tumor
   1. Benign (Fibroadenoma phyllodes)   M 90200
   2. Intermediär, proliferierend   M 92201
   3. Malign (Cystosarcoma phyllodes)   M 92203
C. Malign
   1. Karzinosarkom   M 89803
   2. Karzinom im Fibroadenom*
   3. Andere*

III. Mesenchymal (siehe auch Tumoren der Weichgewebe)

A. Benign
   1. Lipom   M 88500
   2. Hämangiom*   M 91200
   3. Andere
B. Malign
   1. Hämangiosarkom   M 91203
   2. Andere

IV. Tumoren der Haut (siehe dort)

V. Tumoren des blutbildenden und lymphatischen Gewebes (siehe dort)

VI. Metastatisch   M ___6

VII. Unklassifiziert   M 8000_

VIII. Tumorartig

A. Fibrozystische Mastopathie (Dysplasie)	M 74320
1. Intraduktale Epithelhyperplasie (duktale Epitheliose)	M 72170
a. Ohne Atypie*	
b. Mit Atypie*	
2. Lobuläre Hyperplasie (lobuläre Epitheliose)	M 72100
a. Ohne Atypie mit Azinusvermehrung*	
b. Ohne Atypie mit intraazinärer Epithelproliferation	
c. Mit Atypie*	
3. Adenose	M 74200
a. Einfache und mikrozystische Adenose*	M 74240
b. Mikroglanduläre Adenose	
c. Sklerosierende Adenose*	M 74220
4. Zysten *	M 33400
5. Fibrose *	M 49000
6. Fibroadenose (Fibroadenomartige Hyperplasie)*	
7. Kombinationsformen	
a. Mischformen aus A1 - 6	
b. Sog. Juvenile Papillomatose	M 85050
c. Andere	
B. Milchgangektasie	M 32100
C. Gynäkomastie	M 71000
D. Hamartom	M 77500
E. Entzündlicher Pseudotumor	M 76820
F. Lipophages Granulom *	M 44040
G. Andere	

Topographie – Codierung

snomed	Lokalisation
T 04000	Brustdrüse
T 04010	Weibliche Brustdrüse
T 04020	Rechte weibliche Brustdrüse
T 04030	Linke weibliche Brustdrüse
T 04040	Männliche Brustdrüse
T 04050	Rechte männliche Brustdrüse
T 04060	Linke männliche Brustdrüse
T 1	Zentral
T 2	Oberer innerer Quadrant
T 3	Unterer innerer Quadrant
T 4	Oberer äusserer Quadrant
T 5	Unterer äusserer Quadrant
T 04100	Mamilla
T 04200	Warzenvorhof

Verarbeitungstechnik

Gefrierschnitt-Aufarbeitung

Jeder Tumor, auch sehr kleine klinisch nicht tastbare, radiologisch markierte Läsionen sollen im Gefrierschnitt untersucht werden. Im Rahmen der Gefrierschnittuntersuchung ist bei Malignomen eine zumindest makroskopische Beurteilung der Resektionsränder des Exzidates erforderlich. Besser ist es, die dem Tumor zunächst gelegene Resektionsfläche im Gefrierschnitt zu beurteilen. Dies gewinnt zunehmend an Bedeutung durch die vermehrte Anwendung eingeschränkter operativer Behandlungen.

Beurteilung der Steroidhormonrezeptor-Immunhistochemie:
Die Beurteilung erfolgt semiquantitativ durch Schätzung des Prozentsatzes rezeptorpositiver Zellen und der Intensität der Farbreaktion. Die Bewertung erfolgt nach verschiedenen Scoring-Systemen.

Paraffinhistologische Aufarbeitung: Es soll ein Querschnitt des gesamten Tumors untersucht werden (bei großen Tumoren mehrere Blöcke erforderlich), ferner das Restparenchym, die Mamilla und die Haut über dem Tumor, bei zweizeitigem Vorgehen die Wand der Resektionshöhle und jeder auffindbare axilläre Lymphknoten (Stufenserie!).

T N M – Staging

Brust			
Tis	In situ		
T1	≤ 2 cm		
T1a	≤ 0,5 cm		
T1b	> 0,5 bis 1 cm		
T1c	> 1 bis 2 cm		
T2	>2 bis 5 cm		
T3	> 5 cm		
T4	Brustwand/Haut		
T4a	Brustwand		
T4b	Hautödem/Ulzeration, Satellitenknoten der Haut		
T4c	a und b		
T4d	entzündliches Karzinom		
N1	Beweglich axillär	pN1	
		pN1a	Nur Mikrometastasen ≤ 0,2 cm
		pN1b	Makrometastasen i 1–3 Lymphknoten / > 0,2 bis < 2 cm ii ≤ 4 Lymphknoten/> 0,2 bis < 2 cm iii durch Kapsel/< 2 cm iv ≤ 2 cm
N2	Fixiert axillär	pN2	
N3	Mammaria interna	pN3	

Erläuterungen

I.A.1.b. Nur echte „makroskopische" Papillome mit bindegewebigem Grundstock; meist multipel. (Unterscheide: papillomatoide intraduktale Epithelhyperplasie bzw. Epitheliose bei proliferierender Mastopathie!)

I.A.2. Auch subareoläres Papillom (papilläres Adenom).

I.A.2.b. Unterscheide: fokale sekretorische lobuläre Hyperplasie bei Hyperprolaktinämie!

I.A.4. z. B. Adenomatöse Mammatumoren mit Ähnlichkeit zu Hautdrüsen- und Speicheldrüsentumoren.

I.B.1. Die lobuläre Neoplasie (CLIS) muß von der atypischen lobulären Epitheliose und von der lobulären Propagation eines duktalen Karzinoms („lobuläre Kanzerisierung"), umgekehrt das intraduktale Karzinom von der duktalen Propagation einer lobulären Neoplasie unterschieden werden (Beachte Zelltypen!)

Die lobuläre Neoplasie ist klinisch symptomlos und nicht tastbar; sie signalisiert ein erhöhtes Karzinomrisiko ipsilateral und kontralateral, synchron und metachron.

I.C.1.a.-g. Die verschiedenen Wachstumstypen können als Mischform kombiniert auftreten.

I.C.3.-6. Klassifikation unabhängig vom Vorhandensein und/oder von der Art einer neoplastischen In-situ-Komponente. Unterscheidung von „reinen" (z. B. reines muzinöses Karzinom) und gemischten Karzinomen. Bei gemischten Tumoren soll, wenn ein Typ eindeutig überwiegt, die Klassifizierung nach diesem erfolgen. Liegen mehrere Typen in etwa gleichen Anteilen vor (Beurteilung an einer repräsentativen Anzahl von Blöcken erforderlich), so sollten alle Komponenten angegeben werden.

I.C.3. Subklassifikation nach makroskopischer Wachstumsform (sternförmig oder umschrieben) und nach Stromaanteil und Mikroarchitektur. Nur bei diesem Typ erscheint ein Grading (Bloom und Richardson) sinnvoll.

I.C.4.b. Varianten: siegelringzellig, alveolär, trabekulär, solid, tubulo-lobulär, histiozytoid etc. Differentialdiagnose: lobuloduktale Übergangsform des Mammakarzinoms.

I.C.14. Verschiedene seltene Karzinomtypen, die nur bei Anwendung von Spezialmethoden identifizierbar sind:

Lipid-sezernierendes (lipidreiches) Karzinom; glykogen-reiches Karzinom; Karzinom vom Karzinoidtyp (DD: argyrophiles duktales Karzinom und lobuläre endokrine Neoplasie); Karzinome, die keinen anderen Typen zugeordnet werden können (z. B. lobuloduktale Übergangsform).

II.C.2. Der Karzinomanteil soll nach I.B. und I.C. klassifiziert werden. Differentialdiagnose: Kollisionstumoren von Fibroadenom und Karzinom.

II.C.3. z. B. sog. Stromasarkom, entstanden in einem Fibroadenom oder Phyllodestumor.

III.A.2. Von echten Hämangiomen ist die lobuläre Angiomatose zu unterscheiden.

VIII.A.1.a. Intraduktale Epithelhyperplasie ohne Atypie mit teilweiser oder vollständiger Obliteration des Lumens (solid oder drüsenartig oder papillomatoid). Kann auch als „Epitheliose", jedoch nicht als Papillomatose bezeichnet werden. Häufig multifokal.

VIII.A.1.b. Intraduktale Epithelproliferation mit zellulären Atypien (Übergänge zum intraduktalen Karzinom).

VIII.A.2.a. Wird auch als Adenose (Duktadenose) bezeichnet (VI.A.3.a.).

VIII.A.2.c. Ähnlich der lobulären Neoplasie, aber ohne die typischen Kriterien der letzteren. Zelldualismus erhalten.

VIII.A.3.a. Quantitative Vermehrung der Zahl der Azini in einem Lobulus (siehe auch VIII.A.2.a.).

VIII.A.3.c. Starke intralobuläre Vermehrung des Bindegewebes und der myoepithelialen Zellen (DD. tubuläres Karzinom !).

Varianten: Pseudoszirrhus (radiäre Narbe, obliterierende Mastopathie) und sog. infiltrierende Epitheliose mit verschwimmenden Läppchengrenzen.

VIII.A.4. Zysten häufig multipel, überwiegend lobulären Ursprungs; mit oder ohne apokriner Epithelmetaplasie; mit atrophischem oder hyperplastischem und papillärem Epithel.

Mikrozysten < 3mm Durchmesser, Makrozysten > 3mm.

VIII.A.5. Tumorähnliche (knotige) zellarme, z.T. perilobulär und periduktal akzentuierte Bindegewebsvermehrung mit hochgradiger Atrophie des Parenchyms.

Formen: fokale Fibrose, Fibrosklerose, fibröse Mastopathie, fokale involutive noduläre Sklerose etc.

VIII.A.6. Meist deutlich begrenzbare fibroadenomartige Bezirke innerhalb eines oder mehrerer vergrößerter Lobuli, im Rahmen einer fibrozystischen Mastopathie.

VIII.F. Meist posttraumatisch (Trauma nicht immer nachweisbar). Differentialdiagnose: Granulom nach Prothesenruptur.

Literatur

1. Azzopardi, J. G.: Problems in breast pathology. London, Philadelphia, Toronto: W. B. Saunders. 1979.
2. Bässler, R.: Pathologie der Brustdrüse. In: Doerr, W., Seifert, G., Lehlinger, E. (Hrsg) Spezielle pathologische Anatomie, Bd. 11. Berlin, Heidelberg, New York: Springer. 1978.
3. Bloom, H. J. G., Richardson, W. W.: Histologic grading and prognosis in breast cancer. A study of 1409 cases of which 359 have been followed for 15 years. Br. J. Cancer *11*, 259–377(1957).
4. Fisher, E. R., Gregorio, R. M., Fisher, B.: The pathology of invasive breast cancer. Cancer *36*, 1–85 (1975).
5. Hartmann, W. H., Ozzello, L., Sobin, L. H., Stalsberg, H.: Histological typing of breast tumours. 2nd edn. Geneva: W.H.O. 1981.
6. Rosen, P. P., Obermann, H. A.: Tumors of the Mammary Gland. Atlas of Tumor Pathology, 3rd Ser., Fasc. 7. Washington, D.C.: Armed Forces Institute of Pathology. 1993.
7. Tavassoli, F. A.: Pathology of the breast. New York, Amsterdam, London, Tokyo: Elsevier. 1992.

7. Tumoren der Haut

H. Kerl, W. Leibl, W. Öhlinger, H. P. Soyer, H. Hanak und *H. Hönigsmann*

I. Epithelial

A. Epidermal
1. Benign
   a. Lentigo senilis (actinica)
   b. Verruca seborrhoica .... M 72750
   c. Warziges Dyskeratom .... M 74450
   d. Klarzellakanthom .... M 72530
   e. Keratoakanthom .... M 72860
   f. Invertierte follikuläre Keratose .... M 72920
   g. Benigne squamöse Keratose .... M 72760
   h. Virusakanthome
      i. Verruca vulgaris .... M 76630
      ii. Verruca plana .... M 76620
      iii. Condyloma acuminatum .... M 76720
      iv. Molluscum contagiosum .... M 76660
      v. Bowenoide Papulose
   i. Andere
2. Intermediär
   a. Aktinische Keratose .... M 72850
   b. Intraepitheliale Neoplasie
      i. Typ Bowen .... M 80812
      ii. Typ Queyrat .... M 80802
3. Malign
   a. Plattenepithelkarzinom .... M 80703
      i. Verruköses Karzinom
      ii. Bowen-Karzinom
      iii. Adenosquamöses Karzinom .... M 80753
      iv. Pseudoglanduläres (adenoides, akantholytisches Karzinom)
      v. Spindelzelliges Plattenepithelkarzinom .... M 80743
      vi. Klarzelliges Plattenepithelkarzinom
      vii. Metatypisches Karzinom .... M 80953
      viii. Lymphoepitheliales Karzinom
      ix. Andere

b. Basaliom   M 80903
    i. Solides (noduläres) Basaliom
    ii. Nodulär-zystisches Basaliom
    iii. Superfizielles (multizentrisches) Basaliom   M 80913
    iv. Adenoides Basaliom
    v. Sklerodermiformes (desmoplastisches) Basaliom   M 80923
    vi. Keratotisches Basaliom
    vii. Basaliom mit ekkriner oder apokriner Differenzierung
    viii. Fibroepitheliales Basaliom (Pinkus-Tumor)   M 80933
    ix. Adamantinoides Basaliom
    x. Cutanes Lymphadenom
    xi. Andere

B. Schweißdrüsen
  1. Benign   M 84000
    a. Ekkrine Schweißdrüsentumoren
      i. Ekkrines Hidrokystom
      ii. Ekkrines Akrospirom
        α. Ekkrines Porom
        β. Klarzelliges Akrospirom   M 84020
        (Klarzellhidradenom)
        Je solides Akrospirom
        γ. Dermaler Gangtumor
      iii. Syringom   M 84070
      iv. Ekkrines Spiradenom   M 84030
      v. Ekkrines Zylindrom   M 82000
      vi. Chondroides Syringom   M 89400
      (ekkriner Mischtumor)
      vii. Andere
    b. Apokrine Schweißdrüsentumoren
      i. Apokrines Fibroadenom
      ii. Apokrines Zystadenom (Hidrokystom)   M 84040
      iii. Papilläres Hidradenom   M 84050
      iv. Papilläres Syringoadenom
      (Syringocystadenoma papilliferum)   M 84060
      v. Andere
  2. Malign   M 84003
    a. Schweißdrüsentumoren niedrigen Malignitätsgrades
      i. Mikrozystisches Adnexkarzinom
      (sklerosierendes Schweißdrüsenkarzinom)
      ii. Adenoid-zystisches Karzinom
      (inkl. ekkrines Karzinom)
      iii. Muzinöses Karzinom   M 84803
      iv. Extramammärer Morbus Paget
    b. Schweißdrüsentumoren intermediären Malignitätsgrades
      i. Duktales Adenokarzinom
      ii. Papilläres Adenokarzinom
      iii. Malignes polypoides desmoplastisches Akrospirom

    c. Schweißdrüsentumoren hohen Malignitätsgrades
      i. Malignes Akrospirom
        α. Malignes ekkrines Porom
        β. Andere
      ii. Siegelringzellkarzinom
      iii. Mukoepidermoides Karzinom
      iv. Andere

C. Talgdrüsen
  1. Benign
    a. Talgdrüsenhyperplasie
    b. Talgdrüsenadenom   M 84100
    c. Talgdrüsenepitheliom
    d. Andere
  2. Malign
    a. Talgdrüsenkarzinom   M 84103

D. Haarfollikel
  1. Benign
    a. Trichoepitheliom   M 81000
    b. Trichofollikulom   M 81010
    c. Trichoblastom
    d. Trichoblastisches Fibrom
    e. Pilomatrixom   M 81100
    f. Tricholemmom   M 81020
    g. Haarscheidenakanthom
    h. Tumor des follikulären Infundibulums
    i. Fibrofollikulom
    j. Trichodiskom
  2. Malign
    a. Tricholemmales Karzinom   M 81023
    b. Malignes Pilomatrixom   M 81103

II. Melanozytär

A. Benign
  1. Lentigo simplex   M 57250
  2. Konnataler melanozytärer Nävus   M 87200
  3. Erworbener melanozytärer Nävus
    a. Junktionsnävus   M 87400
    b. Compoundnävus   M 87600
    c. Dermaler Nävus   M 87500
  4. Spitz-Nävus (Spindel- und Epitheloidzell-Nävus)
    und Varianten (pigmentierter Spindelzelltumor u. a.)   M 87700
  5. Ballonzellnävus   M 87220
  6. Halo-Nävus   M 87250
  7. Blauer Nävus   M 87900
  8. Zellulärer blauer Nävus   M 87900

          9. Kombinierter Nävus
         10. Andere
   B. Intermediär
          1. Atypische melanozytäre Hyperplasie   M 87412
          2. Dysplastischer Nävus *
   C. Malign
          1. Malignes Melanom   M 87203
          2. Maligner blauer Nävus   M 87903
          3. Malignes Melanom der Weichteile

III. Neuroendokrin

   A. Merkelzellkarzinom
   B. Andere

IV. Mesenchymal (siehe auch Tumoren der Weichgewebe)

   A. Benign
          1. Fibröses Histiozytom (Dermatofibrom)   M 88320
          2. Fibrom/Fibrolipom   M 88100
          3. Angiome   M 91200
          4. Glomustumoren   M 87110
          5. Leiomyom   M 88900
          6. Andere
   B. Intermediär
          1. Dermatofibrosarcoma protuberans   M 88321
          2. Atypisches Fibroxanthom   M 88311
          3. Andere
   C. Malign
          1. Angiosarkom   M 91203
          2. Kaposi-Sarkom   M 91403
          3. Andere

V. Lymphoproliferative Erkrankungen der Haut

   A. Kutane Pseudolymphome*
          1. Lymphadenosis cutis benigna
          2. Persistierende knotige Athropodenreaktion
          3. Lymphomatoide Arzneireaktion
          4. Lymphomatoide Kontaktdermatitis
          5. Aktinisches Retikuloid (chronische aktinische Dermatitis)
          6. Lymphomatoide Papulose
          7. Andere
   B. Kutane Manifestation von Hodgkin-Lymphomen,
       Non-Hodgkin-Lymphomen und Leukämien (siehe Tumoren
       des blutbildenden und lymphatischen Gewebes)
   C. Mycosis fungoides/Sézary-Syndrom   M 97003

   D. Lymphome des hautassoziierten lymphatischen Gewebes (SALT)
   E. Primärer Morbus Hodgkin

VI. Histiocytosis X (Langerhanszell- Histiocytose)   M 77910

   A. Varianten (Abt-Letter-Siwe, eosinophiles Granulom . . .)
   B. Konnatale selbstheilende Reticulohistiocytose
   C. Andere

VII. Non-X-Histiocytosen

   A. Reticulohistiocytosen
       1. Reticulohistiocytäres Granulom
       2. Multizentrische Reticulohistiocytose
   B. Juveniles Xanthogranulom
   C. Generalisierte eruptive Histiocytome
   D. Progrediente noduläre Histiocytome
   E. Xanthoma disseminatum
   F. Andere

VIII. Metastatisch   M ___6

IX. Unklassifiziert   M 8000_

X. Tumorartig

       1. Zysten
          a. Keratinisierte Zysten („Atherom")
             i.   Tricholemmzyste   M 33470
             ii. Proliferierende Tricholemmzyste
             iii. Epidermalzyste   M 33410
       2. Steatokystom
       3. Digitale Muzinzyste
       4. Keloid
       5. Hamartome
       6. Andere

Topographie – Codierung

snomed	*Lokalisation*
T 01000	Haut
T 02100	Haut des Kopfes
T 02400	Haut des Rumpfes
T 01100	Epidermis
T 01200	Dermis

T	01226	Subepidermale Region
T	01300	Hautanhangsgebilde
T	01310	Talgdrüse
T	01320	Apokrine Drüse
T	01330	Ekkrine Drüse
T	01400	Haar

T N M – Staging

Karzinom der Haut	
T1	≤ 2 cm
T2	> 2 bis 5 cm
T3	> 5 cm
T4	Invasion tiefer extradermaler Strukturen (Knorpel, Skelettmuskel, Knochen)
N1	Regionär

Melanom der Haut		
pT1	≤ 0,75 mm	Level II
pT2	> 0,75 bis 1,5 mm	Level III
pT3	> 1,5 bis 4 mm	Level IV
pT4	> 4,00 mm/Satelliten	Level V
N1	Regionär ≤ 3 cm	
N2	Regionär > 3 cm und/oder In-transit-Metastase(n)	

Erläuterungen

II.B.2. Dysplastische Nävi sind erworbene atypische Varianten von Junktions- und Compound-Nävi, die im Zusammenhang mit der Frühdiagnose und Vorsorge des malignen Melanoms der Haut von besonderer Bedeutung sind. Man unterscheidet ein familiäres dysplastisches Nävus-Syndrom und sporadische dysplastische Nävi.

Das dysplastische Nävus-Syndrom ist durch multiple dysplastische Nävi charakterisiert; zusätzlich findet man Melanome bei Familienmitgliedern ersten Grades. Bei diesen Patienten erlaubt die Erfassung der dysplastischen Nävi die Identifizierung melanomgefährdeter Personen und ihrer Verwandten und damit die Prävention der Melanomentwicklung. Außerdem können Melanome in sehr frühen Entwicklungsphasen diagnostiziert werden, in denen eine Heilung noch möglich ist. Auch Personen mit sporadischen dysplastischen Nävi (mit negativer Familienanamnese) und zahlreichen „gewöhnlichen" erworbenen melanozytären Nävi zeigen ein erhöhtes Risiko zur Entwicklung von Melanomen.

II.C.1. Der histologische Befund „malignes Melanom" mit seinen Varianten wie
– spindelzelliges Melanom
– Ballonzellmelanom
– amelanotisches Melanom
– myxoides Melanom
– desmoplastisches Melanom

− neurotropes Melanom

sollte folgende Daten beinhalten:

− Histologischer Typ (knotiges Melanom, oberflächlich spreitendes Melanom, Lentigo maligna-Melanom, akral-lentiginöses Melanom)
− Tumordicke
− Invasionstiefe
− Mitoserate/qmm
− Zelltyp, verschiedene Zellpopulationen?
− Regression, TIL (= Tumor- infiltrierende Lymphocyten), Plasmazellen?, Neovaskularisation
− Ulzeration
− Gefäßinvasion, mikroskopische Satellitenmetastasen
− Assoziierter Nävus

Literatur

1. Ackerman, A. B., Cerroni, L., Kerl, H.: Pitfalls in histopathologic diagnosis of malignant melanoma. Philadelphia: Lea & Febiger. 1994.
2. Farmer, E. R., Hood, A. F. (eds.): Pathology of the skin. USA: Appleton & Lange. 1990.
3. McKee, Ph. H.: Pathology of the skin. Philadelphia: Lippincott. 1989.
4. Lever, W. F., Schaumburg-Lever, G.: Histopathology of the skin, 7th edn. Philadelphia: Lippincott. 1989.

8. Tumoren der Weichgewebe

A. Beham, I. Fellinger-Augustin, O. Dietze und *M. Salzer-Kuntschik*

I. Bindegewebige Tumoren

A. Benign
1. Fibrom   M 88100
2. Adultes Myofibrom
3. Myofibroblastom
4. Reaktive fibroblastäre Läsionen
   - a. Noduläre Fasziitis   M 76130
     - i. Klassisch
     - ii. Parosteal
     - iii. Ossifizierend
     - iv. Intravasculär
   - b. Proliferative Fasziitis   M 46770
   - c. Proliferative Myositis   M 46780
   - d. Elastofibrom   M 88200
   - e. Keloid   M 49720
5. Tumoren des Kindesalters
   - a. Fibröses Hamartom des Kindesalters   M 75560
   - b. Myofibromatose   M 75660
   - c. Fibromatosis colli   M 76100
   - d. Infantile digitale Fibromatose   M 76220
   - e. Infantile Fibromatose   M 76100
     - i. Reif (desmoidartig)
     - ii. Unreif
   - f. Kalzifizierendes aponeurotisches Fibrom   M 76150
   - g. Hyaline Fibromatose   M 76100
   - h. Gingivafibromatose   M 76250

B. Fibromatosen
1. Oberflächliche Fibromatose   M 76100
   - a. Palmare Fibromatose (Mb.Dupuytren)   M 76120
   - b. Plantare Fibromatose (Mb.Ledderhose)   M 76100
   - c. Penisfibromatose   M 76100
2. Tiefe Fibromatose
   - a. Abdominale Fibromatose (Desmoid)   M 88221

b. Extraabdominale Fibromatose (Desmoid)   M 88211
c. Intraabdominale und mesenteriale Fibromatose   M 88221

C. Malign
1. Fibrosarkom   M 88103
   a. Adultes Fibrosarkom   M 88103
   b. Kongenitales und intantiles Fibrosarkom   M 88143

II. Fibrohistiozytäre Tumoren

A. Benign
1. Fibröses Histiozytom   M 88300
   a. Kutanes Histiozytom   M 88320
   b. Tiefes Histiozytom   M 88320
2. Juveniles Xanthogranulom   M 55380
3. Reticulohistiozytom   M 88320
4. Xanthom   M 88310

B. Intermediär
1. Atypisches Fibroxanthom   M 88311
2. Dermatofibrosarcoma protuberans   M 88323
   a. Klassisch
   b. Mit Fibrosarkomanteil
   c. Pigmentiert (Bednar Tumor)
3. Riesenzellfibroblastom   M 88001
4. Plexiformer fibrohistiozytärer Tumor
5. Angiomatoides fibröses Histiozytom

C. Malign
1. Malignes fibröses Histiozytom   M 88303
   a. Storiform-pleomorph
   b. Myxoid
   c. Riesenzellig
   d. Xanthomatös (inflammatorisch)   M 88313

III. Lipomatöse Tumoren

A. Benign
1. Lipom   M 88500
   a. Oberflächlich (subcutan)
   b. Tief (z. B. intramuskulär)
2. Lipoblastom, Lipoblastomatose   M 88810
3. Lipofibromatöses Hamartom der Nerven   M 88500
4. Lipomatose   M 74100
5. Angiolipom   M 88610
6. Spindelzelliges Lipom   M 88500
7. Pleomorphes Lipom   M 88570
8. Angiomyolipom   M 88600
9. Myelolipom   M 88700

10. Hibernom	M 88800
11. Atypisches Lipom	

B. Malign

1. Hochdifferenziertes Liposarkom	M 88503
a. Lipomartig	M 88513
b. Sklerosierend	
c. Inflammatorisch	M 88513
2. Myxoides Liposarkom	M 88523
3. Rundzelliges Liposarkom	M 88533
4. Pleomorphes Liposarkom	M 88543
5. Dedifferenziertes Liposarkom	M 88543

IV. Tumoren der glatten Muskulatur

A. Benign

1. Leiomyom	M 88900
2. Angiomyom	M 88940
3. Epitheloides Leiomyom	M 88911
4. Leiomyomatosis peritonealis disseminata	M 88950
5. Intravenöse Leiomyomatose	M 88901

B. Malign

1. Leiomyosarkom	M 88903
a. Klassisch	
b. Myxoid	
c. Inflammatorisch	
d. Granularzellig	
e. Mit osteoklastären Riesenzellen	
2. Epitheloides Leiomyosarkom	M 88913

V. Tumoren der Skelettmuskulatur

A. Benign   M 89000

1. Rhabdomyom	M 89040
a. Adult	
b. Genital	
c. Fetal	M 89030

B. Malign

1. Rhabdomyosarkom	M 89003
a. Embryonal	M 89103
b. Botryoid	
c. Spindelzellig	
d. Alveolär	M 89203
e. Pleomorph	M 89013
2. Ektomesenchymom (Rhabdomyosarkom mit gangliozytärer Differenzierung)	M 89903

VI. Tumoren und tumorartige Veränderung der Blutgefäße

A. Benign
1. Papilläre endotheliale Hyperplasie	M 76090
2. Hämangiom	M 91200
a. Kapillar	M 91310
b. Kavernös	M 91210
c. Venös	M 91220
d. Arterio-venös	M 91230
e. Epitheloid	M 91310
f. Pyogenes Granulom	M 44440
g. Angioblastom	
3. Intramuskuläres Angiom	M 91320
4. Synoviales Hämangiom	M 91200
5. Neurales Hämagiom	M 91200
6. (Häm)Angiomatose	M 76310
7. Lymphangiom	M 91700
8. Lymphangiomatose	M 76410
9. Lymphangiomyom	M 91740
10. Lymphangiomyomatose	M 91741

B. Intermediär
1. Spindelzellhämangioendothelion	M 91303
2. Endovasculäres papilläres Angioendotheliom (Dabska Tumor)	M 91303
3. Epitheloides Hämangioendotheliom	M 91303

C. Malign
1. (Häm)Angiosarkom	M 91203
a. Klassisch	
b. Epitheloid	
2. Lymphangiosarkom	M 91703
3. Kaposi Sarkom	M 91403

VII. Tumoren des perivaskulären Gewebes

A. Benign
1. Benignes Hämangioperizytom	M 91501
2. Glomustumor	M 87110
a. Klassisch (Glomustumor im engeren Sinne)	
b. Glomangiom	
c. Glomangiomyom	

B. Malign
1. Malignes Hämangioperizytom	M 91503
2. Maligner Glomustumor	M 87103

VIII. Tumoren und tumorartige Veränderungen der Sehnenscheiden und Gelenkskapseln

A. Benign
1. Tendosynovialer Riesenzelltumor   M 88300
   a. Lokalisiert
   b. Diffus (pigmentierte villonoduläre Synovitis)
2. Sehnenscheidenfibrom   M 88400

B. Malign
1. Maligner tendosynovialer Riesenzelltumor   M 88003

IX. Tumoren der serösen Häute (siehe auch dort)

A. Benign
1. Solitärer fibröser Tumor der Pleura und des Peritoneums (lokalisiertes fibröses Mesotheliom)
2. Multizystisches Mesotheliom
3. Adenomatoidtumor
4. Hochdifferenziertes papilläres Mesotheliom

B. Malign
1. Maligner solitärer fibröser Tumor der Pleura und des Peritoneums (malignes lokalisiertes fibröses Mesotheliom)
2. Diffuses Mesotheliom
   a. Epithelial
   b. Spindelzellig (sarkomatoid)
   c. Biphasisch

X. Tumoren der peripheren Nerven (siehe auch dort – Die WHO-konforme Nomenklatur unter Kapitel: 11.2 Tumoren der peripheren Nerven)

A. Benign
1. Traumatisches Neurom
2. Morton'sches Neurom
3. Neuromuskuläres Hamartom
4. Nervenscheidenganglion
5. Schwannom (Neurilemom)
   a. Klassisch
   b. Plexiform
   c. Zellulär
   d. Degenerativ
6. Neurofibrom
   a. Lokalisiert
   b. Diffus
   c. Plexiform
   d. Mit Dominanz von Pacini'schen Tastkörperchen
   e. Epitheloid

    7. Neurofibromatose (Mb. Recklinghausen)
    8. Granularzelltumor
    9. Melanozytäres Schwannom
  10. Neurothekom (Nervenscheidenmyxom)
  11. Ektopes Meningeom
  12. Ektopes Ependymom
  13. Ganglioneurom
  14. Pigmentierter neuroektodermaler Tumor des Kindesalters
      (Retinaanlagetumor, melanozytäres Progonom)

B. Malign

    1. Maligner peripherer Nervenscheidentumor
      (malignes Schwannom, Neurofibrosarkom)
      a. Klassisch
      b. Mit Rhabdomyosarkom (maligner Tritontumor)
      c. Mit drüsiger Differenzierung
      d. Epitheloid
    2. Maligner Granularzelltumor
    3. Klarzellsarkom (malignes Melanom der Weichteile)
    4. Malignes melanozytäres Schwannom
    5. Neuroblastom
    6. Ganglioneuroblastom
    7. Neuroepitheliom (Peripherer neuroektodermaler Tumor
      [PNET], Peripheres Neuroblastom)

XI. Tumoren der Paraganglien (siehe auch Tumoren des endokrinen Systems)

A. Benign

    1. Paragangliom
    2. Andere

B. Malign

    1. Malignes Paragangliom
    2. Andere

XII. Extraskelettale Tumoren und tumorartige Veränderungen mit Knorpel- und Knochenbildung

A. Benign

1. Panniculitis ossificans	M 73400
2. Myositis ossificans	M 73410
3. Fibrodysplasia (Myositis) ossificans progressiva	M 73420
4. Extraskelettales Chondrom	M 92200
5. Extraskelettales Osteochondrom	
6. Extraskelettales Osteom	M 91800

B. Malign

    1. Extraskelettales Chondrosarkom

       a. Hochdifferenziert
       b. Myxoid
       c. Dedifferenziert
    2. Extraskelettales Osteosarkom   M 91803

XIII. Mesenchymale Tumoren mit mehrfacher, histologisch unterschiedlicher Differenzierung

A. Benign
    1. Mesenchymom   M 89901
B. Malign
    1. Malignes Mesenchymom   M 89903

XIV. Verschiedenartige (teilweise nicht eindeutig zuordenbare) Tumoren

A. Benign
    1. Kongenitaler Granularzelltumor   M 76850
    2. Tumorartige Kalzinose   M 55520
    3. Myxom   M 88400
       a. Kutan
       b. Intramuskulär
    4. Angiomyxom   M 88400
    5. Angiomyofibroblastom
    6. Amyloidtumor   M 55160
    7. Parachordom   M 93700
    8. Ossifizierender fibromyxoider Tumor
    9. Juvelines Angiofibrom
  10. Inflammatorischer myofibroblastärer Tumor   M 88103
       (Inflammatorisches Fibrosarkom)   + M 47000
B. Malign
    1. Alveoläres Weichteilsarkom   M 85813
    2. Epitheloides Sarkom   M 88043
    3. Extraskelettales Ewing Sarkom   M 92603
    4. Synovialsarkom   M 90403
       a. Biphasisch
       b. Monophasisch fibrös
    5. Maligner (extrarenaler) Rhabdoidtumor
    6. Desmoplastischer kleinzelliger Tumor der Kinder und
       jungen Erwachsenen

XV. Unklassifizierbare Tumoren

Topographie – Codierung

snomed	*Lokalisation*
T 1X000	Weichgewebe
T 1X010	Fettgewebe
T 1X100	fibröses Bindegewebe
T 1X120	Tunica serosa
T 13000	Skelettmuskel
T 14000	Rumpfmuskulatur
T 13600	Musk. d. oberen Extr.
T 16000	Bursa
T 17010	Sehne und Sehnenscheide
T 18010	Ligament
T 18600	Fascie
T 1X300	glatte Muskulatur

T N M – Staging

Weichteilsarkome	
T1	≤ 5 cm
T2	> 5 cm
N2	Regionär
G1	Gut differenziert
G2	Mäßig differenziert
G3	Schlecht differenziert
G4	Undifferenziert

TNM	**Weichteilsarkome im Kindesalter**		pTNM
T1	Begrenzt auf Organ/Gewebe	Begrenzt auf Organ, Exzision komplett	pT1
T1a	≤ 5 cm		
T1b	> 5 cm		
T2	Invasion Nachbarorgane/ -gewebe	Invasion jenseits Organ, Exzision komplett	pT2
T2a	≤ 5 cm		
T2b	> 5 cm		
T3/4	Nicht anwendbar	Exzision inkomplett	pT3
		Mikroskopischer Residualtumor	pT3a
		Makroskopischer Residualtumor	pT3b
		Tumor nicht reseziert	pT3c
N1	Regionärer Befall	Lymphknotenmetastasen komplett reseziert	pN1a
		Lymphknotenmetastasen inkomplett reseziert	pN1b

TNM	Neuroblastom		pTNM
T1	Tumor ≤ 5 cm	Exzision komplett	pT1
T2	Tumor > 5 bis 10 cm	(nicht anwendbar)	–
T3	Tumor > 10 cm	Mikroskopischer Residualtumor	pT3a
		Makroskopischer Residualtumor	pT3b
		Nicht resezierbarer Tumor	pT3c
T4	Multizentrischer Tumor	Multizentrischer Tumor	pT4
N1	Regionär	Lymphknotenmetastasen komplett reseziert	pN1a
		Lymphknotenmetastasen inkomplett reseziert	pN1b

Stadieneinteilung (UICC 1992)

Tumorstadium	G	T	N	M
IA	G1	T1	N0	M0
IB	G1	T2	N0	M0
IIA	G2	T1	N0	M0
IIB	G2	T2	N0	M0
IIIA	G3, 4	T1	N0	M0
IIIB	G3, 4	T2	N0	M0
IVA	jedes G	jedes T	N1	M0
IVB	jedes G	jedes T	jedes N	M1

Kommentar

A. Speziell

I.A.4.a. Klinisch bedeutungsvolle Lokalisationen stellen die Schädelkalotte („kraniale Fasziitis") bzw. die Finger („fibroossärer Pseudotumor der Finger") dar.

I.B.2.c. Eine Fibromatose des Mesenteriums bzw. Retroperitoneums kombiniert mit intestinaler Polypose, Osteomen und Hautzysten wird als „Gardner-Syndrom" bezeichnet.

I.C. Adult werden Fibrosarkome bei Patienten über 5 Lebensjahre bezeichnet, infantil (und natürlich kongenital) diejenigen unter 5 Lebensjahre. Die Tumoren in der höheren Altersgruppe weisen eine schlechtere Prognose auf.

III.A.11. Auf die Subcutis beschränkter Tumor mit morphologischen Kriterien eines hochdifferenzierten Liposarkoms.

III.B.5. Tumor mit histologisch eindeutig voneinander abgrenzbaren Arealen eines hochdifferenzierten Liposarkoms bzw. eines malignen fibrösen Histiozytoms oder pleomorphen Sarkoms.

VI.C.1 u. 2. Da vielfach eine Unterscheidung zwischen Hämangio- und Lymphangiosarkom nicht möglich ist, kann der Terminus „Angiosarkom" verwendet werden.

XIII. Benigne oder maligne Tumoren mit mindestens zwei histologisch unterschiedlich differenzierten, eindeutig voneinander unterscheidbaren Komponenten, ausgenommen fibroblastäre Tumoranteile.

B. Allgemein

1. Klassifikation

Die Klassifikation der Weichgewebstumoren erfolgt nach dem von der WHO 1994 herausgegebenen Schema[2]; sie beruht auf dem histologisch-zytologischen Bau der Tumoren und der daraus resultierenden Ähnlichkeit mit normalen Geweben (histologische Differenzierungsmerkmale). Dieses Prinzip bedeutet aber keinesfalls, daß die Tumoren ihren Ausgang immer von den entsprechenden normalen Geweben nehmen. Unter dem Terminus „Tumor" werden auch tumorartige, meist reaktive Veränderungen verstanden, weil diese klinisch oftmals als Tumor imponieren.

2. Dignität

Die in der sonstigen Histopathologie zur Dignitätsbestimmung von Tumoren anwendbaren Parameter (z. B. Zell- u. Kernpolymorphie, Invasion der Umgebung) können für Weichteiltumore nicht generell verwendet werden. Das biologische Verhalten jeder Entität basiert auf unterschiedlichen morphologischen Kriterien.

3. Grading

Aufgrund der Heterogenität der meisten Sarkome (manchmal auch innerhalb eines Tumors) gibt es kein allgemein gültiges Grading-System, d. h. es können nicht alle Sarkome nach den gleichen Prinzipien beurteilt werden. Bei vielen Tumoren ergibt sich schon aus dem histologischen Typ oder Subtyp das Grading, welches auf dem bekannten biologischen Verhalten des jeweiligen Tumortyps beruht.

4. TNM-Stadium

Das TNM-Stadium hat für Sarkome keine besondere Aussagekraft. Ausgenommen können Tumoren der Extremitäten werden, für die sich das Staging-Schema von ENNEKING bewährt hat.

5. Chirurgische Radikalität

Die Resektion wird in intraläsional, marginal, weit und radikal unterteilt, wobei die Beurteilung in Abhängigkeit von der Lokalisation erfolgt (Smola et al. 1990 siehe ACO-Manual).

Literatur

1. Coindre, J. M., Trojani, M., Contesso, G., David, M., Rouesse, J., Bui, N. B., Bodaert, A., De Mascarel, I., De Mascarel, A., Goussot, J. F.: Reproducibility of a histopathologic grading system for adult soft tissue sarcoma. Cancer *58,* 306–309 (1986).

2. Enzinger, F. M., Weiss, S. W.: Soft tissue tumors. 2nd edn. St Louis Washington, D.C. Toronto: C.V. Mosby Company. 1988.

3. Smola, M. G., Arian-Schad, K., Beham, A., Böheim, K., Depisch, D., Dinstl, K., Hawlicek, R., Jakse, R., Kotz, R., Ludwig, H., Piza, H., Ritschl, P., Salzer-Kuntschik, M., Samonigg, H., Scherlacher, A., Wrba, F.: Weichteilsarkom. In: Steindorfer, P. (Hrsg.) Manual der chirurgischen Krebstherapie der ACO, S. 164–185. Wien, New York: Springer. 1990.

4. UICC, International Union against Cancer: TNM Atlas. Illustrated Guide to the TNM/pTNM Classification of Malignant Tumours. Spiessl, G., Beahrs, O. H., Hermanek, P., Hutter, R. V. P., Scheibe, O., Sobin, L. H., Wagner, G. (eds.) 3rd edn., 2nd Revision. Berlin, Heidelberg, New York: Springer. 1994.
5. World Health Organization: International Histological Classification of Tumours. Histological Typing of Soft Tissue Tumours. Weiss, S. W. (ed.) In collaboration with Sobin LH and Pathologists in 9 countries. 2nd edn. Berlin, Heidelberg, New York: Springer. 1994.

9. Tumoren und tumorartige Läsionen des Knochens

M. Salzer-Kuntschik, G. Böhm und *H. P. Dinges*

I. Tumoren und tumorartige Veränderungen mit knorpeliger Differenzierung

A. Benign
1. Intramedulläres (zentrales) Chondrom (Enchondrom) M 92200
    a. Konventionelles*
    b. Kalzifizierendes und ossifizierendes Chondrom
        langer Röhrenknochen*
2. Juxtakortikales (periostales) Chondrom M 92210
3. Chondromyxoidfibrom M 92410
4. Chondroblastom M 92300
5. Andere

B. Intermediär
1. Intramedulläres (zentrales) Chondrom (Enchondrom) M 92200
    langer Röhrenknochen, des Stammskelettes und der Skapula*
2. Juxtakortikales (periostales) Chondrom des Stammskelettes
    und der Skapula* M 92210
3. „Benignes" metastasierendes Chondroblastom* M 92301
4. Atypische chondroplastische Tumoren
    (Lichtenstein und Bernstein)*
5. Andere

C. Malign
1. Intramedulläres (zentrales) primäres Chondrosarkom M 92203
    a. Konventionell
    b. Myxoid
    c. Dedifferenziert
2. Klarzellchondrosarkom
3. Mesenchymales Chondrosarkom M 92403
4. Juxtakortikales (periostales) Chondrosarkom M 92213
5. Malignes Chondroblastom M 92303
6. Sekundäre Chondrosarkome* M 92203
    a. Intramedullär (zentral)
    b. Peripher

7. Chondroplastisches Sarkom (Lichtenstein und Bernstein)*
8. Andere

D. Tumorartig

1. Kartilaginäre Exostose (Osteochondrom)	M 92100
2. Exostosenkrankheit (Osteochondromatose)	M 92101
3. Ossäre Chondromatose (Enchondromatose/ Ollier'sche Erkrankung und Maffucci-Syndrom)	M 92201
4. Synoviale Chondromatose (Gelenkschondromatose)	M 73670
5. Subunguale Exostose	M 71440
6. Knorpeliger Kallus	M 49920
7. Kostosternale Knorpelhyperplasie (Tietze Syndrom)	D 34550
8. Andere	

II. Tumoren und tumorartige Veränderungen mit knöcherner Differenzierung

A. Benign

1. Osteom*	M 91800
a. Nasennebenhöhlen	
b. Zentral im übrigen Skelett	
2. Juxtakortikales (parostales) Osteom	M 91800
3. Osteoid - Osteom	M 91910
4. Osteoblastom (Riesen-Osteoid-Osteom)	M 92000
5. Pseudomalignes (bizarres) Osteoblastom*	M 92000
6. Osteoidfibrom der Nasennebenhöhlen	
7. Andere	

B. Intermediär

1. Ossifizierendes Fibrom*	M 92620
2. Aggressives Osteoblastom*	M 92001
3. Andere	

C. Malign

1. Intramedulläres (zentrales) hoch malignes Osteosarkom	M 91803
a. Mischtyp	
b. Osteoplastisch	
i. Sklerosierend	
c. Chondroplastisch	
i. Sklerosierend	
d. Fibroplastisch	
e. MFH-artig	
f. Riesenzellreich	
g. Teleangiektatisch	
h. Kleinzellig (rundzellig)	
i. Epitheloidzellig	
2. Intramedulläres (zentrales) niedrig malignes Osteosarkom*	M 91803
3. Intrakortikales Osteosarkom	M 91803

4. Juxtacorticales Osteosarkom
    i. Periostales*   M 91903
    ii. Parostales*   M 91903
5. Hochmalignes Oberflächenosteosarkom
6. Multifokales Osteosarkom
7. Sekundäres Osteosarkom*   M 91803
8. Malignes Mesenchymom (Osteoliposarkom)   M 89903
9. Andere

D. Tumorartig

  1. Fibröse Dysplasie   M 74910
    a. Monostisch
    b. Polyostisch
    c. Albright-Syndrom
  2. Osteofibröse Dysplasie CAMPANACCI
    (ossifizierendes Fibrom KEMPSON)
  3. Heterotope metaplastische Ossifikationen/   M 73400
    ossifizierende Pseudotumoren
    (siehe Tumoren der Weichgewebe)
  4. Hyperostosen   M 71450
    Sonderformen
    a. Hyperostosis frontalis interna   D 30220
    b. Pulmonale hypertrophe Osteoarthropathie
    c. Infantile kortikale Hyperostose (Caffey-Silverman)   D 34190
    d. Melorheostose   M 74980
    e. Progressive diaphysäre Dysplasie
      (Camurati-Engelmann)   D 34060
    f. Andere
  5. Subunguale Exostose   M 71440
  6. Kompaktainsel*   M 22580
  7. Knöcherner Kallus   M 49920
  8. Gutartige fibroossäre Läsion der Rippen (Mc Carthy)
  9. Hyperplasie des Kiefergelenksköpfchens
 10. Knocheninfarkt   T 10020/
                                         M 54700
 11. Osteitis condensans (claviculae et ossis ilei)   M 74830
 12. Andere

III. Tumoren und tumorartige Veränderungen mit fibroplastischer Differenzierung

A. Benign

  1. Nicht ossifizierendes Fibrom bzw. metaphysärer
    fibröser Defekt*   M 74930
  2. Multiple nicht ossifizierende Fibrome mit extra-skelettalen
    Anomalien (JAFFE-CAMPANACCI- MIRRA-SYNDROM)
  3. Benignes fibröses Histiozytom (Fibroxanthom)   M 88300
  4. Andere

B. Intermediär
1. Desmoplastisches Fibrom   M 88230
2. Myxom/Fibromyxom   M 88400
      M 88110
3. Riesenzelltumor   M 92501

C. Malign
1. Fibrosarkom
    a. Primär   M 88103
      i. Zentral - intramedullär
      ii. Juxtakortikal - periostal
      iii. Multifokal
    b. Sekundär
2. Malignes fibröses Histiozytom*   M 88303
    a. Primär
    b. Sekundär
5. Maligner Riesenzelltumor   M 92503
6. Andere

D. Tumorartig
1. Fibröser Kortikalisdefekt – metaphysärer fibröser Defekt*   M 74930
2. Periostales Desmoid
3. Fibromatose mit Knochenbeteiligung   M 88210
4. Riesenzell(reparativ)granulom   M 44110
    a. Kieferknochen
    b. Übriges Skelett
5. „Brauner Tumor" bei Hyperparathyreoidismus   M 74840
6. Andere

IV. Verschiedene teils nicht eindeutig zuordenbare Tumore

A. Benign
1. Benignes Mesenchymom   M 89901
2. Mesenchymom der Brustwand
    (Infantiles fibröses Hamartom)   M 75560
3. Andere

B. Intermediär
1. Adamantinom der langen Röhrenknochen   M 92613
2. Andere

C. Malign
1. Ewing-Sarkom*   M 92603
    a. Ossär
    b. Extraossär
2. Primitiver peripherer neuroektodermaler Tumor*   M 94733
    a. Ossär
    b. Extraossär
3. Chordom   M 93703
4. Sacrococcygeales malignes Teratom
5. Andere

D. Tumorartig
1. Juvenile (solitäre, einfache) Knochenzyste   M 74971
2. Aneurysmatische Knochenzyste   M 33640
3. Humeruspseudozyste
4. Kalkaneuszyste
5. Epitheleinschlußzysten
6. Intraossäres Ganglion   M 33600
7. Subchondrale Zyste*   M 33600
8. Zysten unklarer Genese
9. Membranöse Lipodystrophie
10. „Zementom" der langen Röhrenknochen*
11. Andere

V. Tumoren und tumorartige Veränderungen der Weichgewebe (siehe auch dort)

A. Tumorartig
1. Phantomknochen (Morbus Gorham)
2. Andere

VI. Tumoren und tumorartige Veränderungen der peripheren Nerven (siehe dort)

VII. Tumoren und tumorartige Veränderungen des blutbildenden und lymphatischen Gewebes (siehe auch dort)

A. Tumorartig
1. Langerhanszellgranulamatose
   (Histiozytosis X/eosinophiles Granulom) des Knochens   M 77910
   a. Ossär solitär/unilokulär
   b. Ossär multifokal/multilokulär
   c. Ossär und viszeral
2. Speicherkrankheiten
   a. Morbus Gaucher
   b. Andere
3. Andere

VIII. Metastatisch   M ___6

IX. Unklassifiziert   M 8000_

Topographie – Codierung

snomed	Lokalisation
T 10000	Skelett
T 10030	Achsenskelett
T 10101	Knöcherner Schädel
T 10300	Knöcherner Brustkorb
T 10350	Rippe
T 10500	Rückgrat
T 11400	Knochen d. oberen Extremität
T 11700	Knochen d. unteren Extremität
T 12000	Gelenk
T 1X500	Knochen
T 1X510	Periost
T 1X550	Epiphyse
T 1X558	Apophyse
T 1X560	Metaphyse
T 1X570	Diaphyse
T 1X700	Knorpel
T 1X705	Perichondrium

T N M – Staging

Knochen	
T1	Kortikalis nicht überschritten
T2	Über Kortikalis hinaus
N1	Regionär
G1	Gut differenziert
G2	Mäßig differenziert
G3	Schlecht differenziert
G4	Undifferenziert

Spezieller Teil

I.A.1.a. Ausgenommen jenes der langen Röhrenknochen, des Stammskelettes und der Scapula – siehe auch I.B.1.

I.A.1.b. Als eigene Gruppe von den übrigen zentralen Chondromen der langen Röhrenknochen wegen des radio- und patho-morphologisch anderen Verhaltens und des günstigen klinischen Verlaufs abgegrenzt.

I.B.1. In dieser Lokalisation hohes Entartungsrisiko. Im deutschsprachigen Raum werden solche Tumoren mit histologisch etwas stärkeren Proliferationszeichen auch als proliferierende Chondrome bezeichnet.

I.B.2. In diesen Lokalisationen ist oft nicht zu entscheiden, ob es sich um zentral oder juxtakortikal entstandene Tumoren handelt.

I.B.3. Gelegentlich kommen bei derartigen biologisch benignen Primärtumoren histologisch gleichartig aussehende Lungenmetastasen vor; meist besteht bei diesen ein selbstlimitierendes Wachstum.

I.B.4. Verschiedene chondroplastische Tumoren, die sich nicht zwangslos in die bisher bekannten Gruppen einordnen lassen. Manche von ihnen verhalten sich benign, andere malign, bei manchen ist die Dignität noch nicht klar.

I.C.6. Hierher gehören: malign entartete kartilaginäre Exostose, maligne Entartung bei Exostosenkrankheit, Chondrosarkom auf dem Boden eines Chondroms, Chondrosarkom bei Chondromatose , Chondrosarkom nach Bestrahlung und bei Morbus Paget.

I.C.7. Siehe Erläuterungen **I.B.4.**

II.A.1. Osteome kommen vor allem im Bereich der Nebenhöhlen, selten im übrigen Skelett und weiters im Rahmen des Gardner-Syndroms vor.

II.A.5. Sehr selten vorkommendes Osteoblastom mit auffallend bizarren Zellen mit großen hyperchromatischen Kernen. Wahrscheinlich handelt es sich um eine degenerative Polymorphie, deren Ursache nicht bekannt ist. Diese Tumoren metastasieren nicht.

II.B.1. Im deutschen Sprachraum wird damit eine im Kieferbereich vorkommende lokal aggressive Läsion verstanden, die den Tumoren zugeordnet wird. Im angloamerikanischen Schrifttum wird diese Veränderung als der fibrösen Dysplasie zugehörig und als nicht neoplastisch angesehen. Der Begriff ossifizierendes Fibrom wird leider aber auch für andere Läsionen synonym gebraucht wie z. B. für die osteofibröse Dysplasie.

II.B.2. In der Literatur sowohl als „aggressives" als auch „malignes" Osteoblastom beschrieben, jedoch lediglich lokal aggressives Wachstum und keine Metastasierung. Histologisch im Gegensatz zum konventionellen Osteoblastom atypische Osteoblasten und teilweise irreguläre Knochenbälkchen mit besonders intensiver Verkalkung. Abgrenzung vom Osteosarkom sehr schwierig.

II.C.2. Abgrenzung von gutartigen Läsionen wie fibröser Dysplasie, Osteoblastom, nicht ossifizierendem Fibrom sehr schwierig.

II.C.4. Periostal, parostal und juxtakortikal werden vielfach als Synonyme verwendet. Da es sich um unterschiedliche Entitäten handelt muß streng getrennt werden. Juxtakortikal ist der Überbegriff für 4 und 5.

II.C.7. Sekundäre Osteosarkome sind solche, die sich auf dem Boden einer vorbestehenden Läsion entwickeln wie z. B. auf dem Boden einer: fibrösen Dysplasie, Osteodystrophia fibrosa Paget, Knocheninfarkt oder als Strahlensarkom.

II.D.6. Synonyme: Bone island, medulläres Osteom, Enostose; multiple Kompaktainseln = Osteopoikilie.

III.A.1. Von den meisten Autoren als tumorartige Veränderungen eingestuft und in der gleichen Gruppe wie der fibröse Kortikalisdefekt eingeordnet. Das nichtossifizierende Fibrom soll sich aus einem fibrösen Kortikalisdefekt bei Vergrößerung desselben entwickeln.

III.C.2. Die Bezeichnung „MFH" muß beibehalten werden, obwohl bekannt ist, daß keine Proliferation von Histiozyten, sondern von Fibroblasten oder von anderen Zellen, die fälschlich als Histiozyten eingestuft worden waren, vorliegt. Der Begriff steht international noch überall in Verwendung und die Läsion stellt klinisch eine eigene Entität dar. Vorkommen als sekundäres MFH nach Strahlentherapie, bei Morbus Paget und nach Knocheninfarkt.

III.D.1. siehe **III.A.1.**

IV.C.1.u.2. Wahrscheinlich handelt es sich beim Ewing Sarkom und beim primitiven peripheren neuroektodermalem Tumor um histogenetisch idente Tumoren.

IV.D.7. Auftreten bei degenerativen und entzündlichen Gelenkerkrankungen.

IV.D.9. Wahrscheinlich keine eigenständige Läsion, sondern Sekundärveränderung, besonders auf dem Boden juveniler Knochenzysten.

TNM-Klassifikation und Staging

In den jüngsten Auflagen der TNM-Klassifikation von 1987 und 1990 bedeutet bei Knochentumoren „T" nicht mehr die Tumorgröße, sondern bezieht sich auf die Ausdehnung des Tumors im Knochen. „T1" bezeichnet Knochentumoren, die auf den Knochen beschränkt sind und die Cortikalis nicht überschritten haben, „T2" solche, die die Grenzen der Cortikalis bereits durchbrochen haben. Periostale Tumoren sind dezidiert von dieser Einteilung ausgenommen und können daher im TNM-System nicht untergebracht werden, wie z. B.: juxtacortikale Osteosarkome und Chondrosarkome. „N1" bedeutet regionale Lymphknotenmetastasen, „M" die Metastasen, wie bei allen übrigen Tumoren. „G" bezieht sich auf das histopathologische Grading, bei dem je nach der Differenzierung vier Grade unterschieden werden.

T N M – Staging

Stage IA	G1,2	T1	N0	M0
Stage IB	G1,2	T2	N0	M0
Stage IIA	G3,4	T1	N0	M0
Stage IIB	G3,4	T2	N0	M0
Stage III	Not defined			
Stage IVA	Any G	Any T	N1	M0
Stage IVB	Any G	Any T	Any N	M1

Enneking-Staging

International hat sich für Knochen- und Weichteiltumoren nicht die TNM-Klassifikation durchgesetzt, sondern das Enneking-Staging-System (Enneking et al. 1985).

In diesem System bezeichnet „T" die Compartmentbeziehung des Tumors und zwar „T1" bedeutet einen Tumor der intrakompartmental gelegen ist, „T2" einen Tumor der das Compartment überschritten hat – extrakompartmental. Die Tumorgröße wird in diesem System nicht berücksichtigt. „G1" entspricht einem niedrigeren, „G2" einem hohen chirurgischen Malignitätsgrad. Der Malignitätsgrad in diesem Stagingsystem ist kein rein histologischer, sondern berücksichtigt auch klinisch-radiologische und biologische Parameter.

Zwischen Lymphknotenmetastasen und Fernmetastasen wird im Enneking-Staging nicht differenziert, da einer solchen Unterscheidung bei Knochen- und Weichteiltumoren keine prognostische Bedeutung beigemessen wird.

Surgical Staging for Musculo-Skeletal Tumors
Enneking 1985

Stage	Grade (G)	Site (T)
I A	Low (G1)	Intracompartmental (T1)
I B	Low (G1)	Extracompartmental (T2)
II A	High (G2)	Intracompartmental (T1)
II B	High (G2)	Extracompartmental (T2)
III	Any (G)	Any (T)
	Regional or distant Metastasis	

Chirurgische Radikalität

Bei Operationspräparaten muß außer einem Grading und Staging entsprechend den Vorschlägen von Enneking die „Radikalität" des operativen Eingriffes angegeben werden. (Enneking et al. 1985) und zwar als: radikal, weit, marginal oder intraläsional.

Literatur

1. Ambros, I. M., Ambros, P. F., Strehl, S., Kovar, H., Gadner, H., Salzer-Kuntschik, M.: MIC2 – A specific marker for Ewing's Sarcoma and peripheral Primitive Neuroectodermal Tumors. Evidence for a common histogenesis of Ewing's Sarcoma and peripheral Primitive Neuroectodermal Tumors from MIC2 expression and specific chromosome aberration. Cancer *67* (7), 1886–1893 (1991).
2. Dahlin, D. C.: Bone tumors, 4th edn. Springfield, Ill: Ch. C Thomas. 1986.
3. Dominok, G. W., Knoch, H. G.: Knochengeschwülste und geschwulstähnliche Knochenerkrankungen, 2. Aufl. Jena: Fischer. 1977.
4. Enneking, W. F.: A System of Staging Musculoskeletal neoplasms. Clin. Orthop. Rel. Res. *204/9* (1985).
5. Huvos, A. G.: Bone tumors. Diagnosis, treatment, prognosis. 2nd edn. Philadelphia: Saunders. 1991.
6. Kotz, R., Salzer-Kuntschik, M., Lechner, G., Immenkamp, M.: Knochentumoren. In: Witt, A. N., Rettig, H., Schlegel, K. F., Hackenbroch, M., Huffauer, W. G. (Hrsg.) Orthopädie in Praxis u. Klinik, 2. Aufl., Bd. III, Teil 2. Stuttgart, New York: G. Thieme. 1984.
7. Lichtenstein, L., Bernstein, D.: Unusual benign and malignant chondroid tumors of bone. A survey of some mesenchymal cartilage tumors and malignant chondroblastic tumors, including a few multicentric ones, as well as many atypical benign chondroblastomas and chondromyxoid fibromas. Cancer *12*, 1142–1157 (1959).
8. WHO – International Classification of Tumours. Histological Typing of Bone Tumours. Schajowicz, F.in Collaboration with Pathologists in 9 countries.
9. Mirra, J. M.: Bone Tumors. Philadelphia, London: Lea u. Febiger. 1989.
10. Prein, J., Remagen, W., Spiessl, B., Uehlinger, E.: Tumoren des Gesichtsschädels. Berlin, Heidelberg, New York, Tokyo: Springer. 1985.

10. Blutbildendes und lymphatisches Gewebe einschließlich Milz und Thymus

10.1 Tumoren des blutbildenden Gewebes

Ch. Schmid, O. Dietze, H. Hanak, Th. Radaszkiewicz, W. Öhlinger und A. Chott

I. Akute Leukämien*

    A. Lymphatisch
       (siehe auch Tumoren des lymphatischen Systems   M 98213
        1. L 1*
        2. L 2*
        3. L 3*
    B. Myeloisch und/oder monozytär*   M 98613
                                  + M 98913

        1. M 1*
        2. M 2*
        3. M 3*
        4. M 4*
        5. M 5*
            i. Wenig differenziert
            ii. Differenziert
    C. Erythropoetisch (M 6)*   M 98413
    D. Megakaryoblastisch (M 7)   M 99103
    E. Panmyeloische Leukämie (Panmyelose)   M 99513
    F. Unklassifiziert   M 98013
    G. Andere

II. Chronische Leukämien

    A. Lymphatisch
    B. Chronische myeloproliferative Erkrankungen (CMPE)*
        1. Chronische myeloische Leukämie (CML)*   M 98633
          a. Granulozytisch
          b. Mit Megakaryozytenvermehrung (ohne Riesenzellformen)

2. Chronische megakaryozytäre-granulozytäre Myelose
   (CMGM)*   M 99203
3. Idiopathische Thrombozythämie (IT)   M 99621
4. Polycythaemia vera (PV)   M 99501
5. Myelofibrose (MF)
6. Osteomyelosklerose (OMS)   M 99611
7. Unklassifiziert   M 99601
C. Andere *

III. Myelodysplastische Syndrome

A. Primäre Myelodysplasie (MDS)*
B. Sekundäre Myelodysplasie (nach exogener Schädigung)

IV. Plasmozytom (multifokal oder solitär)   M 97303
                                                      od. 97313

a. Mit Riesenzellen
b. Mit Sklerosierung
c. Plasmazellenleukämie   M 98303

V. Maligne Lymphome (siehe Tumoren des lymphatischen Systems)

A. Primär
B. Sekundär

VI. Mastozytosen

A. Sytemische   D   3565
B. Maligne   M 97413

VII. Knochenmarksbeteiligung bei retikulohistiozytären Erkrankungen

A. Langerhanszell-Granulomatose (Histiozytosis X)   M 77910
B. Maligne Histiozytose / Histiozytom
C. Andere

VIII. Metastatisch   M ___6

IX. Unklassifiziert   M 8000_

X. Tumorartige und reaktive Markveränderungen

A. Leukämoide Knochenmarksreaktion   M 77610
B. Lymphatische Hyperplasie (nodulär +/- diffus)   M 72200

C. Reaktive Plasmozytose	M 72150
D. Reaktive Mastozytose	D 3564
E. Speicherkrankheiten	D 1005
F. Myelitis*	M 40000
G. Hyperparathyreoidismus (siehe Tumoren des Knochens und Knorpelgewebes)	
H. Andere	

Topographie – Codierung

snomed	*Lokalisation*
T 05050	Hamatopoetisches System
T 05100	RES
T 06000	Knochenmark
T 06200	myelopoetisches Gewebe
T 06600	Lymphoides Gewebe d. Knochenmarkes
T 0X000	Blut

Erläuterungen

I. Die Einteilung der akuten Leukämien erfolgt nach den Kriterien der French - American - British (FAB) Cooperative Group (1). Die angegebene Klassifikation nach FAB ist mit immunologischer Typisierung zu kombinieren, insbesondere bei akuten lymphatischen Leukämien (z. B. prä-prä-B-Zell Leukämie, prä-B-Zell Leukämie). Siehe diesbezügl. Lit. z. B.: (2)

I.A.1. Überwiegend kleinzellig-rundzellig, Chromatin homogen, Nukleolen diskret oder nicht erkennbar; Zytoplasma spärlich, schwach basophil.

I.A.2. Variabel großzellig-polymorphkernig, Chromatin unterschiedlich dicht; ein bis mehrere, oft große Nukleolen; Zytoplasma mäßig reichlich, mäßig stark bis stark basophil.

I.A.3. Monoton großzellig, oval- bis rundkernig, Chromatin homogen-fein= retikulär; ein bis mehrere große Nukleolen; mäßig reichlich Zytoplasma, stark basophil, häufig vakuolisiert (Burkitt-Typ).

I.B./II.B. Als tumoröse Form können Myelosarkome („granulocytic sarcoma") auftreten.

I.B.1. Myeloblastisch ohne Ausreifung.

I.B.2. Myeloblastisch mit Ausreifung.

I.B.3. Promyelozytisch (hypergranulär).

I.B.4. Myelomonozytär.

I.B.5. Monozytär.

I.C. Erythroleukämie und Erythrämie di Guglielmo (geht häufig in M 1, M 2 oder M 4 über).

II.A. Siehe Klassifikation der Tumoren des lymphatischen Systems. Bei Knochenmarksinfiltration sollte die Infiltrationsmenge und Form angegeben werden.

II.B. Subtypisierung beschreibend nach Art der zytologischen Differenzierung.

II.B.1/2. Ein Blastenschub bei chronischer Leukämie soll von akuten Leukämien abgegrenzt werden.

II.C. z. B. Chronische Erythrämie (Heilmeyer-Schöner).

III. Auch „Präleukämien"; die rein morphologische Diagnose ist ohne entsprechende klinische Daten unsicher.

III.A. Nach FAB Kriterien (3)

1. Zytologische Klassifikation
   a. Refraktäre Anämie (RA)
   b. Refraktäre Anämie mit Ringsideroblasten (RARS). (Erworbene idiopathische sideroachrestische Anämie.)
   c. Refraktäre Anämie mit Blastenüberschuß (RAEB), Blastenanteil 5–20% im Knochenmark
   d. RAEB in Transformation (RAEB-t), Blastenanteil 20–30% im Knochenmark.
   e. Chronische myelomonozytäre Leukämie (CMML)
2. Klassifikation histologisch nach Zelldichte
   a. Hyperzellulär
   b. Normozellulär
   c. Hypozellulär

IV. Differenzierungsgrad angeben (hoch-mittel-niedrig).

X.F. z. B.: granulomatöse od. sklerosierende Myelitis.

Literatur

1. Benett, J. M., Catovsky, D., Daniel, M.-T., Flandrin, G., Galton, D. A. G, Gralnick, H. R., Sultan, C.: French-American-British (FAB) Cooperative Group: Proposals for the classification of the acute leukemias. Br. J. Haematol. *33,* 451–458 (1976).
2. Williams, J. W., Beutler, E., Erslev, A. J., Lichtman, M. A.: Hematology. 4th edn. McGraw-Hill Book Haematol *33,* 451-458 (1976).
3. Benett, J. M., Catovsky, D., Daniel, M.-T., et al.: Proposals for the classification of the myelodysplastic syndroms. Br. J. Haematol. *51,* 189–199 (1982).

10.2 Tumoren des lymphatischen Systems

A. Chott, T. Radaszkiewicz, H. Hanak und *C. Schmid*

I. Non-Hodkin Lymphome*   M 95913

A. B-Zellenlymphome   M 95933
  1. Lymphome von niedrigem Malignitätsgrad
    a. Lymphozytisch
      i. Chronische lymphozytische Leukämie (B-CLL)   M 98233
      ii. Prolymphozytenleukämie   M 98253
      iii.Haarzellenleukämie   M 99403
    b. Lymphoplasmozytisch/-zytoid (Immunozytom)   M 96113
    c. Plasmozytisch*   M 97303
    d. Zentroblastisch/zentrozytisch, mit/ohne Sklerose   M 96143
      i. Follikulär
      ii. Diffus
      ii. Follikulär und diffus
    e. Mantelzellig (zentrozytisch)   M 96223
  2. Lymphome von hohem Malignitätsgrad
    a. Zentroblastisch*   M 96323
      i. Monomorph
      ii. Polymorph
      iii.Multilobiert
      iv. Zentrozytoid
    b. Immunoblastisch*   M 96123
      i. Ohne blastische/plasmocytische Differenzierung
      ii. Mit blastischer/plasmocytischer Differenzierung
      iii.Mit hohem Lymphozytengehalt
    c. Großzellig anaplastisch (CD 30+)
    d. Burkitt Lymphom*   M 97503
      i. Ohne plasmoblastische Differenzierung
      ii. Mit plasmoblastischer Differenzierung
    e. Lymphoblastisch   M 96303
  3. Seltene B-Zellenlymphome
    a. Monozytoides B-Zellenlymphom*
    b. Großzelliges sklerosierendes B-Zellenlymphom
      des Mediastinums*
B. T-Zellenlymphome   M 95953
  1. Lymphome von niedrigem Malignitätsgrad
    a. Lymphozytisch
      i. Chronische lymphozytische Leukämie (T-CLL)*   M 98233
      ii. Prolymphozytenleukämie
    b. Kleinzellig cerebriform
      i. Mycosis fungoides   M 97003
      ii. Sezary-Syndrom   M 97013
    c. Lymphoepitheloid (Lennert-Lymphom)

        d. Angioimmunoblastisch (AILD,LgrX)

        e. T-Zonenlymphom

        f. Pleomorph, kleinzellig (HTLV-1 +/-)

    2. Lymphome von hohem Malignitätsgrad

        a. Pleomorph, mittelgroßzellig und großzellig (HTLV-1 +/-)

        b. Immunoblastisch (HTLV-1 +/-)

        c. Großzellig anaplastisch (CD 30 +, HTLV-1 +/-)

        d. Lymphoblastisch   M 96023

C. Seltene Typen*

    1. Maligne Lymphome des „mucosaassoziierten lymphatischen Gewebes" (MALT)*

    2. Intravaskuläre maligne Lymphomatose*

    3. Maligne Lymphome, unklassifiziert

II. Morbus Hodgkin   M 96503

A. Lymphozytenreich   M 96513

B. Nodulär sklerosierend*   M 96563

C. Gemischtzellig   M 96523

D. Lymphozytenarm   M 96533

III. Lymphoproliferative Erkrankungen bei immunsupprimierten Patienten*

IV. Sarkome der Retikulumzellen

V. Metastatisch   M _____ 6

VI. Unklassifiziert   M 8000_

VII. Tumorartig

A. Angiofollikuläre Hyperplasie Castleman   M 95900

    1. Hyalin-vaskuläre Variante

    2. Plasmazellreiche Variante

B. Kimura'sche Erkrankung*

C. Entzündlicher Pseudotumor des Lymphknotens*

D. Speicherkrankheiten

E. Andere

Topographie – Codierung

snomed	Lokalisation
T 08000	Lymphknoten
T 08100	Lymphknoten d. Kopfes
T 08200	Lymphknoten d. Halses
T 08300	thorakaler Lymphknoten
T 08400	abdomineller Lymphknoten
T 08600	Lymphknoten d. Beckens
T 08700	Lymphknoten d. oberen Extremitäten
T 08800	Lymphknoten d. unteren Extremitäten
T 0X000	Blut

Staging

Die Stadieneinteilung für maligne Lymphome wird gewöhnlich nach der „Ann Arbor-Klassifikation" vorgenommen (14).

T N M – Staging

Stadium	Morbus Hodgkin Non-Hodgkin-Lymphme	Sub-stadium
Stadium I	Einzelne Lymphknotenregion Lokalisierter Befall eines einzel-nen extralymphatischen Organs/Bezirks	I E
Stadium II	2 oder mehrere Lymphknoten-regionen auf gleicher Zwerch-fellseite Lokalisierter Befall eines einzel-nen extralymphatischen Organs/Bezirks mit seinen regionären Lymphknoten ± anderen Lymphknotenregionen auf gleicher Zwerchfellseite	II E
Stadium III	Lymphknotenregionen auf bei-den Zwerchfellseiten ± lokalisierter Befall von einzel-nen extralymphatischen Orga-nen/Bezirken Milz beide	III E
Stadium IV	Diffuser Befall extralymphati-scher Organe ± regionärer Lymphknotenbefall Isolierter Befall von extralym-phatischen Organen und nicht-regionären Lymphknoten	
Alle Stadien klinisch unterteilt	Ohne Gewichtsverlust/Fieber/Schweiß Mit Gewichtsverlust/Fieber/Schweiß	A B

Erläuterungen

I. Die Non-Hodgkin-Lymphome sind entsprechend der „aktualisierten Kiel-Klassifikation" eingeteilt (1,2).

I.A.1.c. Zu berücksichtigen sind nur extramedulläre plasmozytische Lymphome (Plasmozytome).

I.A.2.a.,b.,d. Bei zentroblastischen, immunoblastischen und Burkitt Lymphomen wird die histologische Subgruppierung nach Hui et al. (3) berücksichtigt.

I.A.3.a. Wahrscheinlich besteht Verwandtschaft zwischen dem monozytoiden B-Zellenlymphom des Lymphknotens und dem niedrig malignen B-Zellenlymphom des „mucosa-assoziierten lymphatischen Gewebes" (MALT).

I.A.3.b. Dieses B-Zellenlymphom zeigt histologisch Ähnlichkeit mit hochmalignen Keimzentrumstumoren, dürfte aber von B-Zellen des Thymus seinen Ausgang nehmen (4).

I.B.1.a.i. Die T-CLL kann morphologisch und immunologisch in drei klinisch unterschiedlich verlaufende Subtypen unterteilt werden(2): 1) „knobby type", 2) Azurophiler Typ (Large granular lymphocyte leukemia), 3) Pleomorpher Typ.

I.C. Die hier zu nennenden, extrem seltenen Lymphome sind: Haarzellenleukämie vom T-Typ, großzelliges Lymphom vom „multilobated" Typ, erythrophagozytisches T-gamma-Lymphom, lymphohistiozytisches Lymphom und Siegelringzellenlymphom vom T-Typ (2). Die eigenständige Abgrenzung der „angiozentrischen Lymphome" (9), einschließlich der lymphomatoiden Granulomatose und des „midline granuloma", ist vermutlich nicht sinnvoll, da diese Läsionen immer periphere T-Zellenlymphome vom pleomorphen Typ darstellen. Schließlich ist die lymphomatoide Papulose vom Typ A (10) anzuführen. Sie repräsentiert möglicherweise eine biologische Variante des großzellig anaplastischen (CD 30+) Lymphoms (11), ist aber aus histomorphologischen Überlegungen nicht als solches zu klassifizieren.

I.C.1. Für primäre maligne Non-Hodgkin-Lymphome des Darms wurde eine Klassifikation vorgeschlagen, die auch für primäre Magenlymphome Anwendung finden kann (5).

I.C.2. Früher gebräuchliche Synonyma: Angiotropic large-cell lymphoma, neoplastische Angioendotheliomatose (12).

II.B. Der noduär sklerosierende Typ des Morbus Hodgkin kann in einen blastenarmen (NS I) und einen blastenreichen (NS II, Blasten in Gruppen) Subtyp unterteilt werden (13).

III. Die häufig ungewöhnliche Morphologie und spezielle Biologie dieser vor allem bei Transplantatempfängern auftretenden lymphoproliferativen Erkrankungen (7) rechtfertigt eine separate Berücksichtigung. Da therapeutisch wichtig, sollte versucht werden einen Klonalitätsnachweis (monoklonal oder polyklonal) zu führen.

VII.B. Kürzlich wurde gezeigt, daß „Kimura's disease" und „angiolymphoide Hyperplasie mit Eosinophilie" unterschiedliche Entitäten sein dürften (6).

VII.C. In erster Linie differentialdiagnostisch wichtige Läsion (8).

Literatur

1. Stansfeld, A. G., Diebold, J., Kapanci, Y., et al.: Updated Kiel-classification for non-Hodgkin's lymphomas. Lancet *i*: 292–293 (1988).
2. Lennert, K., Feller, A. C.: Histopathologie der non-Hodgkin-Lymphome (nach der aktualisierten Kiel Klassifikation). Berlin, Heidelberg, New York: Springer. 1990.
3. Hui, P. K., Feller, A. C., Lennert, K.: High-grade non-Hodgkin's lymphoma of B-cell type.I.Histopathology. Histopathology *12*, 127–143 (1988).
4. Lamarre, l., Jacobson, J. O., Aisenberg, A. C., Harris, N. L.: Primary large cell lymphoma of the mediastinum. A histologic and immunophenotypic study of 29 cases. Am. J. Surg. Pathol. *13*, 730–739 (1989).
5. Isaacson, P. G., Spencer, J., Wright, D. H.: Classifying primary gut lymphomas. Lancet *ii:* 1148 (1988).
6. Kuo, T., Shih, L.-Y., Chan, H.-L.: Kimura's disease. Involvement of regional lymph nodes and distinction from angiolymphoid hyperplasia with eosinophilia. Am. J. Surg. Pathol. *12*, 843–854 (1988).
7. Nalesnik, M. A., Jaffe, R., Starzl, T. E., et al.: The pathology of posttransplant lymphoproliferative disorders occurring in the setting of Cyclosporine-Prednisone immunosuppression. Am. J. Pathol. *133*, 173–192 (1988).
8. Perrone, T., De Wolf-Peeters, C., Frizzera, G.: Inflammatory pseudotumor of lymph nodes. A distinctive pattern of nodal reaction. Am. J. Surg. Pathol. *12*, 351–361 (1988).
9. Lipford, E. H., Margolick, J. B., Longo, D. L., Fauci, A. S., Jaffe, E. S.: Angiocentric immunoproliferative lesions: A clinicopathologic spectum of post-thymic T-cell proliferations. Blood *72*, 1674-1681 (1988).
10. Willemze, R., Scheffer, E., Ruiter, D. J., et al.: Immunological, cytochemical and ultrastructural studies in lymphomatoid papulosis. Br. J. Dermatol. 53, 51–57 (1983).
11. Kaudewitz, P., Stein, H., Dallenbach, F., et al.: Primary and secondary cutaneous Ki-1+ (CD30+) anaplastic large cell lymphomas. Morphologic, immunologic, and clinical characteristics. Am. J. Pathol. *135*, 359–367 (1989).
12. Jalkanen, S., Aho, R., Kallajoki, M., et al.: Lymphocyte homing receptors and adhesion molecules in intravascular malignant lymphomatosis. Int. J. Cancer *44*, 777–782 (1989).
13. Mac Lennan, K. A., Bennett, M. H., Tu, A., et al.: Relationship of histopathologic features to survival and relapse in nodular sclerosing Hodgkin's disease. Cancer *64*, 1686–1693 (1989).
14. Carbone, P. P., Kaplan, H. S., Musshof, K., et al.: Report of the committee on Hodgkin's disease staging classification. Cancer Res. *31*, 1860–1861 (1971).

10.3 Tumoren der Milz

Th. Radaszkiewicz und *H. Hanak*

I. Mesenchymale nichtlymphatische Tumoren

A. Benign
1. Hamartom (Splenom, Lienom)
2. Lipom
3. Hämangiom
4. Lymphangiom
5. Andere

B. Malign
1. Haemangiosarkom
2. Andere

II. Tumoren des blutbildenden und lymphatischen Gewebes (siehe dort)

III. Metastatisch

IV. Unklassifiziert

V. Tumorartig

1. Entzündlicher Pseudotumor*
2. Lokalisierte reaktive lymphatische Hyperplasie*
3. Speicherkrankheiten
4. Zysten
   a. Epidermoid
   b. Mesothelial
5. Andere

Topographie – Codierung

snomed	Lokalisation
T 07000	Milz
T 07030	weiße Milzpulpa
T 07040	rote Milzpulpa
T 07060	Milzsinus

Erläuterungen

VII.1. Oft lokalisierte, tumorartige, septierte Veränderung mit Plasmazellen, Lympho-zyten, Histiozyten, Eosinophilen, Fibroblasten und kollagenen Fasern.

VII.2. Herdförmige Anhäufung florider Keimzentren oder proliferierter Lymphozyten und von Immunoblasten und Plasmazellen (2).

Literatur

1. Wiermik, P. H., Rader, M., Becker, N. H., Morris, St. F.: Inflammatory pseudotumor of spleen. Cancer *66*, 597–600 (1990).
2. Burke, J. S., Osborne, B. M.: Localized reactive lymphoid hyperplasia of the spleen simulating malignant lymphoma. Amer. J. Surg. Pathol. *7*, 373–380 (1983).

10.4 Tumoren des Thymus

H. Hanak und *Th. Radaszkiewicz*

I. Thymome*   M 85803

   A. Kortikaler Typ
   B. Medullärer Typ
   C. Mischtyp
      a. Ohne Besonderheiten
      b. Mit Überwiegen der kortikalen Komponente
      c. Mit Überwiegen der medullären Komponente

II. Karzinome

1. Plattenepithelkarzinom	M 80703
2. Lymphoepitheliomartiges Karzinom	M 80823
3. Undifferenziertes Karzinom	M 80203
4. Andere	

III. Mesenchymale Tumoren

1. Thymolipom	M 88500
2. Andere	

IV. Neuroendokrine Karzinome (Karzinoide)   M 82401

V. Tumoren des blutbildenden und lymphatischen Gewebes (siehe dort)

VI. Keimzelltumoren (siehe Tumoren des Hodens)

VII. Metastatisch   M ___6

VIII. Unklassifiziert   M 8000_

IX. Tumorartig

1. Hyperplasie	M 72000
2. Lymphatische follikuläre Hyperplasie	M 72200
3. Angiofollikuläre Hyperplasie Castleman	
4. Zysten	M 33400
5. Andere	

Topographie – Codierung

snomed	*Lokalisation*
T 98000	Thymus
T 98030	Cortex d. Thymus
T 98040	Thymusmark

(Soweit sinnvoll, ist die SNOMED-Codierung angeführt, der Topographie-Code T 98000 muß immer mit angegeben werden!)

Erläuterungen

I. Mit der hier verwendeten, von M. Marino und H.K. Müller-Hermelink 1985 publizierten Einteilung der Thymome scheint zum ersten Mal eine klinisch-prognostisch relevante morphologische Klassifikation der typischen epithelialen Thymustumoren vorzuliegen.
(Mirella Marino und Hans Konrad Müller-Hermelink: Thymoma and Thymic Carcinoma. Virchows Arch. [Pathol Anat.] 407: 119-149 (1985)).

11. Tumoren des Zentralnervensystems (ZNS) und seiner Umgebungsstrukturen

11.1 Tumoren des Zentralnervensystems

H. Budka

I. Neuroepitheliale Tumoren

A. Astrozytäre Tumoren
  1. Astrozytom   M 94001
     Varianten*:
     a. Fibrillär   M 94201
     b. Protoplasmatisch   M 94101
     c. Gemistozytisch   M 94111
  2. Anaplastisches (malignes) Astrozytom   M 94013
  3. Glioblastom   M 94403
     Varianten*:
     a. Riesenzell- (monstrozelluläres) Glioblastom   M 94413
     b. Gliosarkom   M 94423
  4. Pilozytisches Astrozytom   M 94210
  5. Pleomorphes Xanthoastrozytom*   M 94243
  6. Subependymäres Riesenzell-Astrozytom
     (meist in Verbindung mit tuberöser Sklerose)   M 93841

B. Oligodendrogliöse Tumoren
  1. Oligodendrogliom   M 94501
  2. Anaplastisches (malignes) Oligodendrogliom   M 94513

C. Ependymäre Tumoren
  1. Ependymom   M 93911
     Varianten*:
     a. Zellulär
     b. Papillär   M 93931
     c. Klarzellig
  2. Anaplastisches (malignes) Ependymom   M 93923
  3. Myxopapilläres Ependymom   M 93941
  4. Subependymom   M 93831

D. Mischgliome
  1. Oligo-Astrozytom   M 93821

　　　2. Anaplastisches (malignes) Oligo-Astrozytom　　　M 93823
　　　3. Andere
E. Tumoren des Plexus Chorioideus
　　　1. Plexuspapillom　　　M 93901
　　　2. Plexuskarzinom　　　M 93903
F. Neuroepitheliale Tumoren unklarer oder umstrittener Herkunft
　　　1. Astroblastom*　　　M 94301
　　　2. Polares Spongioblastom*　　　M 94233
　　　3. Gliomatosis cerebri*　　　M 93813
　　　4. Gliofibrom *
G. Neuronale und gemischte neuronal- gliale Tumoren
　　　1. Gangliozytom　　　M 94900
　　　2. Dysplastisches Gangliozytom des Kleinhirns
　　　　　(Lhermitte-Duclos)*　　　M 95060
　　　3. Desmoplastisches infantiles Gangliogliom*
　　　4. Dysembryoplastischer neuroepithelialer Tumor*
　　　5. Gangliogliom　　　M 95051
　　　6. Anaplastisches (malignes) Gangliogliom　　　M 95053
　　　7. Zentrales Neurozytom *
　　　8. Paragangliom des Filum terminale　　　M 86801
　　　9. Olfaktorisches Neuroblastom (Ästhesioneuroblastom)　　　M 95223
　　　　　Variante:
　　　　　a. Olfaktorisches Neuroepitheliom (Ästhesioneuroepitheliom) M 95233
H. Tumoren des Pinealisparenchyms
　　　1. Pineozytom　　　M 93611
　　　2. Pineoblastom*　　　M 93623
　　　3. Gemischtes Pineozytom/Pineoblastom
I. Embryonale Tumoren
　　　1. Medulloepitheliom　　　M 95013
　　　2. Neuroblastom*　　　M 94903
　　　　　Variante:
　　　　　a. Ganglioneuroblastom　　　M 94901
　　　3. Ependymoblastom*
　　　4. Primitive neuroektodermale Tumoren (PNETs) mit multipler
　　　　　Differenzierungsmöglichkeit: neuronal, astrozytär, ependymär,
　　　　　muskulär, melanotisch, etc.
　　　　　a. Medulloblastom　　　M 94703
　　　　　　　Varianten:
　　　　　　　i.　Desmoplastisches Medulloblastom*　　　M 94713
　　　　　　　ii. Medullomyoblastom*　　　M 94723
　　　　　　　iii. Melanozytisches Medulloblastom
　　　　　b. Zerebrale oder spinale PNETs

II. Tumoren der Hirnnerven und Spinalwurzeln (siehe Tumoren der peripheren Nerven)

III. Tumoren der Meningen

A. Meningotheliale Tumoren
  1. Meningiom   M 95300
    a. Meningotheliomatös   M 95310
    b. Fibrös (fibroblastisch)   M 95320
    c. Transitionell (gemischt)   M 95370
    d. Psammomatös   M 95330
    e. Angiomatös*   M 95340
    f. Mikrozystisch
    g. Sekretorisch
    h. Klarzellig
    i. Chordoid
    j. Reich an Lymphozyten/Plasmazellen
    k. Metaplastisch (xanthomatös, myxoid, ossär, knorpelig etc.)
  2. Atypisches Meningiom*
  3. Papilläres Meningiom   M 95381
  4. Anaplastisches (malignes) Meningiom   M 95303

B. Mesenchymale, nicht-meningotheliale Tumoren (siehe auch Tumoren der Weichgewebe und Tumoren der Knochen- und Knorpel)
  1. Benign
    a. Lipom   M 88500
    b. Fibröses Histiozytom   M 88300
    c. Andere
  2. Malign
    a. Hämangioperizytom   M 95361
    b. Chondrosarkom   M 92203
        Variante:
        i. Mesenchymales Chondrosarkom   M 92403
    c. Malignes fibröses Histiozytom   M 88303
    d. Rhabdomyosarkom   M 89003
    e. Meningeale Sarkomatose   M 95393
    f. Andere

C. Melanozytär
  1. Diffuse Melanose
  2. Melanozytom   M 87201
  3. Malignes Melanom   M 87203
    Variante:
    a. Meningeale Melanomatose
  4. Andere

D. Tumoren unklarer oder umstrittener Herkunft
  1. Hämangioblastom*   M 91611

IV. Tumoren des blutbildenden und lymphatischen Gewebes

  1. Primäre maligne Lymphome   M 95903
  2. Plasmozytom   M 97311

3. Granulozytisches Sarkom   M 99303
4. Andere

V. Keimzelltumoren

1. Germinom	M 90643
2. Embryonales Karzinom	M 90703
3. Dottersacktumor (endodermaler Sinus-Tumor)	M 90713
4. Choriokarzinom	M 91003
5. Teratom	M 90801
Varianten:	
a. Unreif	M 90823
b. Reif	M 90800
c. Teratom mit maligner Transformation	M 90813
6. Gemischte Keimzelltumore	M 90853
7. Andere	

VI. Tumoren der Sella-Region

A. Benign
1. Hypophysenadenom   M 81403
2. Kraniopharyngiom   M 93501
   a. Adamantinös
   b. Papillär

B. Malign
1. Hypophysenkarzinom

VII. Lokale Ausbreitung von Tumoren der Umgebung

1. Paragangliom (Chemodektom)	M 86801
2. Chordom	M 93703
3. Chondrom	M 92200
4. Chondrosarkom	M 92203
5. Adenoid-zystisches Karzinom (Zylindrom)	M 82003
6. Andere	

VIII. Metastatisch   M ___6

XI. Unklassifiziert   M 8000_

X. Tumorartig

1. Zyste der Rathke-Tasche	M 26500
2. Epidermoidzyste	M 33410
3. Dermoidzyste	M 90840
4. Kolloidzyste des dritten Ventrikels	M 93950
5. Enterogene Zyste	M 26660

6. Neurogliale Zyste	M 26630
7. Andere Zysten	
8. Granularzelltumor (Choristom, Pituizytom)	M 93520
9. Neuronales Hypothalamus-Hamartom	
10. Nasale Glia-Heterotopie	M 26160
11. Plasmazell-Granulom	

Anhang*:

12. Meningoangiomatose*
13. Gefäßfehlbildungen
    a. Kapillär (Telangiektasien)
    b. Kavernös
    c. Arteriovenös
    d. Venös
    e. Gemischt
    f. Sturge-Weber-Krankheit (zerebrofaziale Angiomatose)
    g. Andere

Topographie – Codierung

snomed	Lokalisation
T X0090	ZNS
T X0400	Glia
T X0500	periph. Nerv
T X0900	Gehirn u. Rückenmark
T X0990	Rückenmark od. Medulla
T X1000	Liquor
T X1112	Hirnhäute
T X1600	Hirnventrikel
T X2000	Großhirn
T X6000	Kleinhirn
T X7000	Medulla oblongata
T X7410	Rückenmark
T X8000	Hirnnerv
T X9000	Spinalnerv
T X9600	autonomes Nervensystem

TNM-System und Grading

Das TNM-System ist bei den ZNS-Tumoren wenig sinnvoll. Das 4-stufige Gradingsystem der alten WHO-Klassifikation (17) wurde in der neuen Fassung (11) beibehalten. Hier wird auf eine detaillierte Angabe des jeder Tumorentität zugeordneten Gradings verzichtet. Wie andernorts (1, 4) ausführlicher erläutert, sollte das WHO-Grading (fixe Zuordnung jeder einzelnen Tumorentität zu einer 4stufigen Malignitätsskala) nicht mit der am individuellen Tumorschnitt erfolgenden Gradierung nach dem Kernohan-Schema (10) verwechselt werden.

T N M – Staging

Gehirn	
	Supratentoriell
T1	Eine Seite, ≤ 5 cm
T2	Eine Seite, > 5 cm
T3	Ventrikelsystem
T3	Gegenseite, infratentoriell
	Infratentoriell
T1	Eine Seite, ≤ 3 cm
T2	Eine Seite, > 3 cm
T3	Ventrikelsystem
T4	Gegenseite, supratentoriell
	Alle Bezirke
G1	Gut differenziert
G2	Mäßig differenziert
G3	Schlecht differenziert
G4	Undifferenziert

Erläuterungen

Diese Klassifikation ist im wesentlichen die deutsche Übersetzung der neuen WHO-Klassifikation (11). Die neue WHO-Klassifikation stimmt mit der 1. Auflage der Histologischen Tumorklassifikation der Österreichischen Gesellschaft für Pathologie (1) weitgehend überein, insbesondere in der Festschreibung des Begriffes PNET.

Wesentliche Abweichungen von der 1. Auflage unserer Klassifikation (1) betreffen nunmehr:

1. das Glioblastom, das jetzt unter den astrozytären Tumoren gelistet wird. Das darf aber nicht zur Annahme verleiten, daß nicht-astrozytäre Gliome (Oligodendrogliom, Ependymom) sich nicht auch zum Glioblastom weiterentwickeln können;

2. die Einführung von 3 neuen klinisch-pathologischen Entitäten unter den neuronalen Tumoren, einschließlich des wichtigen zentralen Neurozytoms; und

3. die Erweiterung der histologischen Subtypisierung des Meningioms, die allerdings keine klinische Relevanz besitzt.

I.A.1. Mischformen der Astrozytome mit Anteilen von 2 oder allen 3 Varianten sind möglich.

I.A.3. Hier ist auch das endgültig obsolete „monstrozelluläre Sarkom" (16, 17) einzuordnen.

I.A.5. Dieser bei Kindern und Jugendlichen wachsende Tumor (früher Xanthom bzw. Xanthosarkom) ist astrozytärer Herkunft (9). Die Abgrenzung gegenüber dem malignen Gliom bzw. Glioblastom mit hohem Reichtum an lipidisierten Zellen (8) und dem malignen fibrösen Histiozytom der Meningen ist wichtig, da das pleomorphe Xanthoastrozytom eine meist recht günstige Prognose besitzt (9).

I.C.1. Die histologischen Varianten (auch Mischtypen) haben keine klinische Relevanz. Das klarzellige Ependymom (früher „Foramen Monroi-Typ", (16)) ist eine wichtige Differentialdiagnose vor allem zum zentralen Neurozytom, welches ebenfalls intraventrikulär wächst, und zum Oligodendrogliom.

I.F.1. Existenz nicht allgemein anerkannt; wegen der perivasalen Pseudorosetten Differentialdiagnose gegen Ependymom und anaplastisches Astrozytom bzw. Glioblastom. Charakteristisch scheint die lockere, im Gegensatz zu anderen Gliomen sehr einförmige Struktur zu sein. Eine Abkunft von „Tanizyten" („ependymären Astrozyten") wurde kürzlich diskutiert (14).

I.F.2. Dieser seltene Tumor (13) darf mit dem früheren „Spongioblastom" (16; jetzt: polizytisches Astrozytom) aufgrund völlig anderer Dignität nicht verwechselt werden.

I.F.3. Umstrittener Begriff; von manchen als Wachstumsform verschiedener Gliome mit besonderer Ausdehnung, nicht aber als histologischer Typ aufgefaßt. Andere betonen einen undifferenzierten Charakter und unklare Herkunft.

I.F.4. Dieser nicht seltene Tumortyp fehlt in der WHO-Klassifikation. Es handelt sich um astrozytäre Tumoren mit intensiver Kollagenproduktion oder um gutartige gliös-bindegewebige Mischtumoren (2,5). Differentialdiagnostisch müssen Gliome mit desmoplastischer Bindegewebsfaserproduktion bei Einwachsen in die Hirnhäute abgegrenzt werden.

I.G.2. Dysplastisch nicht im Sinne einer Neoplasie, sondern einer Fehlbildung.

I.G.3. Große zystische Tumoren bei Kleinkindern mit relativ günstiger Prognose, charakterisiert durch eine starke Bindegewebsproliferation und Zellformen teils neuronaler, teils glialer Abkunft (15).

I.G.4. Umschriebene Tumoren mit heterogenem Aufbau (Astro- und Oligodendroglia, Neurone) meist im Temporallappen bei Kindern bis jungen Erwachsenen mit langjährigen (bis jahrzehntelangen) therapierefraktären (Temporallappen-)Anfällen; diese Tumoren haben nach chirurgischer Exstirpation eine ausgezeichnete Prognose (3). Histologisch steht häufig eine Honigwaben-Klarzell-Architektur im Vordergrund, sodaß zunächst meist an ein Oligodendrogliom gedacht wird.

I.G.7. Es handelt sich um meist bei jüngeren Erwachsenen auftretende, umschriebene, fast immer intraventrikuläre (3. Ventrikel vor Seitenventrikeln) Tumoren mit ausgeprägter Klarzell-Struktur, sodaß zunächst an ein Oligodendrogliom oder klarzelliges Ependymom gedacht wird. Die Diagnose kann elektronenmikroskopisch gesichert werden (7). Histologisch sind kernfreie neurofibrilläre Zonen recht charakteristisch, und der immunzytochemische Nachweis neuronaler Marker (bes. des Synaptophysins) ist diagnostisch.

I.H.2., I.I.2. und I.I.3. Diese embryonalen Tumortypen wurden zusätzlich zum „PNET mit multipler Differenzierungsmöglichkeit" in der Klassifikation belassen, da sie besonders charakteristische Differenzierungsmerkmale (beim Pineoblastom nur im ultrastrukturellen Bereich charakteristisch) aufweisen.

I.I.4.a.i. Beim desmoplastischen Medulloblastom mit den charakteristischen Bindegewebsfaserkörben handelt es sich um einen PNET und nicht um ein Sarkom. Die klinische Präsentation (meist jüngere Erwachsene, lateraler oberflächlicher Sitz) und möglicherweise auch Prognose können vom klassischen Medulloblastom abweichen.

I.I.4.a.ii. Das Medullomyoblastom kann als PNET mit (ektomesenchymaler) myogener Differenzierung aufgefaßt werden.

III.A.1.e. Darunter ist ein auffallend gefäßreiches, ansonsten aber typisches Meningiom zu verstehen, das vom früheren „hämangioblastischen" (jetzt: Hämangioblastom) und „hämangioperizytischen" (jetzt: Hämangioperizytom) Meningiom abgegrenzt werden muß.

III.A.2. Histologische Definitionskriterien bei diesen Tumoren sind erhöhte Zelldichte und erhöhte Mitosefrequenz (5 pro 10 HPF) Rezidivquote; die ist höher als beim klassischen Meningiom (12).

X.Anhang: Die hier gelisteten Entitäten sind in der neuen WHO-Klassifikation nicht enthalten.

III.D.1. Die meistdominierende Komponente entspricht einem kapillären Gefäßtumor. Die Zuordnung zu Tumoren unklarer oder umstrittener Herkunft erfolgt wegen der unklaren Natur der manchmal sehr prominenten hellen Stromazellen (haben besonders neuroektodermaleMerkmale).

X.12. Seltene, oberflächlich gelegene, teilweise verkalkte hamartomatöse Bildung mit Durchmischung von Zellen der Meningen, Gefäßen und glioneuronalem ZNS-Parenchym bei jüngeren Patienten mit Anfallsanamnese (6).

Literatur

1. Budka, H.: Tumoren des Zentralnervensystems. In: Österr. Ges. Pathol. (Hrsg.) Histologische Tumorklassifikation, S. 140–146. Wien, New York: Springer. 1984.

2. Budka, H., Sunder-Plassmann, M.: Benign mixed glial-mesenchymal tumor („gliofibroma") of the spinal cord. Acta Neurochir. (Wien) 55, 141–145 (1980).

3. Daumas-Duport, C., Scheithauer, B. W., Chodkiewicz, J.-P., Laws, E. R. Jr., Vedrenne, C.: Dysembryoplastic neuroepithelial tumor: a surgically curable tumor of young patients with intractable partial seizures. Neurosurgery 23, 545–556 (1988).

4. Fields, W. S.(ed.): Primary brain tumors. A review of histologic classification. New York, Berlin: Springer. 1989.

5. Friede, R. L.: Gliofibroma. A peculiar neoplasia of collagenforming glia-like cells. J. Neuropathol. Exp. Neurol. 37, 300–313.

6. Halper, J., Scheithauer, B. W., Okazi, H., Laws, E. R. Jr.: Meningio-angiomatosis: a report of six cases with special reference to the occurrence of neurofibrillary tangles. J. Neuropathol. Exp. Neurol. 45, 426–438 (1986).

7. Hassoun, J., Gambarelli, D., Grisoli, F., Pellet, W., Salamon, G., Pellissier, J.F., Toga, M.: Central neurocytoma. An electron microscopic study of two cases. Acta Neuropathol. 56, 151–156 (1982).

8. Kepes, J. J., Rubinstein, L. J.: Malignant gliomas with heavily lipidized (foamy) tumor cells: a report of three cases with immunoperoxidase study. Cancer 47, 2451–2458 (1981).

9. Kepes, J. J., Rubinstein, L. J., Eng, L. F.: Pleomorphic xanthoastrocytoma. A distinctive memingocerebral glioma of young subjects with relatively favorable prognosis. A study of 12 cases. Cancer 44, 1839–1852 (1979).

10. Kernohan, J. W., Mabon, R. F., Svien, H. J., Adson, A.W.: Symposium on a new and simplified concept of gliomas. A simplified classification of gliomas. Proc. Mayo Clin. 24, 71–75 (1949).

11. Kleihues, P., Burger, P. C., Scheithauer, B. W.: Histological typing of tumours of the central nervous system. 2nd ed. Berlin, Heidelberg, New York: Springer. 1993.

12. Maier, H., Öfner, D., Hittmair, A., Kitz, K., Budka, H.: Classical, „atypical" and anaplastic meningioma: three histopathological subtypes of clinical relevance. J. Neurosurg. 77, 616–623 (1992).

13. Rubinstein, L. J: Tumors of the central nervous system. In: Atlas of tumor pathology, 2nd ser., Fasc. 6. Washington, D.C.: Armed Forces Institute of Pathology. 1972.
14. Russel, D. S., Rubinstein, L. J.: Pathology of tumours of the nervous system, 5th edn. London: Edward Arnold. 1989.
15. VandenBerg, S. R., Mary E. E., Rubinstein L. J., Herman, M. M., Perentes, E., Vinores, S. A., Collins, V. P., Park, T. S.: Desmoplastic supratentorial neuroepithelial tumors of infancy with divergent differentiation potential (desmoplastic infantile gangliom). A report on 11 cases of a distinctive embryonal tumor with favorable prognosis. J. Neurosurg. *66*, 58–71 (1987).
16. Zülch, K. J.: Biologie und Pathologie der Hirngeschwülste. In: Hdb. Neurochir., Bd. 3, S. 1–702. Berlin, Göttingen, Heidelberg: Springer. 1956.
17. Zülch, K. J.: Histological typing of tumours of the central nervous system. (International histological classification of tumours, No.21) Geneva: World Health Organization. 1979.

11.2 Tumoren der peripheren Nerven (PNS)

H. Budka und *M. Salzer-Kuntschik*

I. Ganglienzelltumoren

A. Gangliozytom (Ganglioneurom)	M 94900
B. Ganglioneuroblastom	M 94902
C. Neuroblastom	M 94903

II. Nervenscheidentumoren

A. Neurilemom (Schwannom, Neurinom)	M 95600
Varianten:	
a. Zellreich	
b. Plexiform	
c. Melanotisch	M 95610
d. degenerativ („ancient")	
e. epitheloid	
B. Neurofibrom	
Varianten:	
a. Umschrieben (solitär)	M 95400
b. Plexiform	M 95500
c. Diffus	
d. Paccini'sches Neurofibrom	
(Pseudotastkörperchen-Neurofibrom)	M 95070
e. Pigmentiert	M 95410
f. Neurofibromatose Recklinghausen	M 95501
C. Maligner peripherer Nerven-Scheiden-Tumor (MPNST)	
(neurogenes Sarkom, anaplastisches Neurofibrom,	
Neurofibrosarkom, 'malignes Schwannom')	M 95403
Varianten:	
a. Epithelioid	
b. MPNST mit divergenter mesenchymaler und/oder	
epithelialer Differenzierung	
i. MPNST mit Rhabobmyosarkom (maligner Triton-Tumor)	
ii. MPNST mit glandulärer Differenzierung	
c. Melanotisch	
D. Peripherer primitiver neuroektodermaler Tumor	
(peripheres Neuroblastom, Neuroepitheliom)	M 95033
E. Neurothekom (Nervenscheidenmyxom)	M 88400

III. Paragangliome

A. Paragangliom	M 86801
B. Malignes Paragangliom	M 87003

IV. Tumoren unklarer oder umstrittener Herkunft im PNS

A.	Granularzelltumor	M 95800
B.	Maligner Granularzelltumor	M 95803
C.	Pigmentierter neuroektodermaler Tumor des Kindesalters	M 93630
D.	Maligner pigmentierter neuroektodermaler Tumor des Kindesalters	M 95033

V. Mesenchymale Tumoren (siehe Tumoren der Weichgewebe)

VI. Metastatisch   M ___6

VII. Unklassifiziert   M 8000_

VIII. Tumorartig

A.	Traumatisches Neurom	M 95710
B.	Morton'sches Neurom	M 95400
C.	Multiple Schleimhautneurome	
D.	Neuromuskuläres Hamartom (benigner Triton-Tumor)	M 89900
E.	Pseudozyste („Ganglion") der Nerven	M 50030
F.	Fettgewebsinfiltration der Nerven	
G.	Andere	

Topographie – Codierung

snomed	*Lokalisation*
T X9000	Spinalnerv
T X9001	Nerv
T X8000	Hirnnerv
T X9600	autonomes Nervensystem
T X9630	Grenzstrang

Erläuterungen

Diese Klassifikation der PNS-Tumoren stellt den Versuch einer Synthese zwischen den in der WHO-Klassifikation der Tumoren des ZNS (3) und des Weichgewebes (4) angeführten und den in der üblichen Weichgewebstumor-Klassifikation (2) enthaltenen Entitäten unter Zugrundelegung des entsprechenden Kapitels der 1. Auflage dieser Tumornomenklatur der Österreichischen Gesellschaft für Pathologie (1) dar.

Literatur

1. Budka, H., Jellinger, K., Lassmann, H., Weiser, G.: Tumoren des peripheren Nervengewebes. In: Österr. Ges. Pathol (Hrsg.) Histologische Tumorklassifikation, S. 147–149. Wien, New York: Springer. 1984.

2. Enzinger, F. M., Soule, E. H., Lattes, R.: Peripheral Nervous system Tumors. Soft Tissue Series 8. Chicago: Am. Soc. Clin. Pathol. Press. 1987.

3. Kleihues, P., Burger, P. C., Scheithauer, B. W.: Histological typing of tumours of the central nervous system. 2nd. ed. Berlin, Heidelberg, New York: Springer. 1993.

4. Weiss, S. W., in collaboration with Sobin, L. H., and pathologists in 9 countries: WHO – International Classification of Tumous. Histological typing of soft tissue tumours. 2nd ed. Berlin, Heidelberg, New York: Springer. 1994.

12. Tumoren des Auges und seiner Anhangsgebilde

R. Kleinert, H. Budka und *Ch. Faschinger*

I. Tumoren des Augenlides

A. Epithelial
1. Tumoren des Oberflächenepithels (siehe Tumoren der Haut)
2. Tumoren der Anhangsgebilde
   a. Tumoren der akzessorischen Tränendrüsen (siehe bei III.)
   b. Tumoren der Schweißdrüsen (siehe Tumoren der Haut)
   c. Tumoren der Talgdrüsen inklusive der Moll'schen Drüsen (siehe Tumoren der Haut)

B. Melanozytär (siehe Tumoren der Haut)
C. Mesenchymal (siehe Tumoren der Weichgewebe)
D. Tumore der peripheren Nerven (siehe dort)
E. Tumoren des blutbildenden und lymphatischen Gewebes (siehe dort)
F. Metastatisch
G. Tumorartig

1. Chalazion		M 43000
2. Moll'sche Zyste		M 33420
3. Andere		

II. Tumoren der Bindehaut und Hornhaut

A. Epithelial (siehe Tumoren der Haut)
B. Melanozytär (siehe Tumoren der Haut)
C. Mesenchymal (siehe Tumoren der Weichgewebe)
D. Tumore der peripheren Nerven (siehe dort)
E. Tumoren des blutbildenden und lymphatischen Gewebes (siehe dort)
F. Metastatisch
G. Tumorartig

1. Pinguecula		M 50180
2. Pterygium		M 49710
3. Hornhautkeloid		M 49720
4. Dermoid		M 90840
5. Choristom		M 93520
6. Andere		

III. Tumoren der Tränendrüsen

A. Epithelial
1. Benign   M 81400
    a. Pleomorphes Adenom   M 89400
    b. Onkozytisches Adenom   M 82900
    c. Andere
2. Intermediär
    a. Mukoepidermoidtumor
    b. Andere
3. Malign
    a. Adenokarzinom   M 81403
    b. Adenoid-zystisches Karzinom   M 82003
    c. Karzinom im pleomorphen Adenom M 89403
    d. Andere

B. Mesenchymal (siehe Tumoren der Weichgewebe)
C. Tumore der peripheren Nerven (siehe dort)
D. Tumoren des blutbildenden und lymphatischen Gewebes (siehe dort)
E. Metastatisch
F. Tumorartig
1. Chronische Dakryoadenitis   M 43000
2. Sjögren-Syndrom   M 38300
3. Dakryops
4. Andere

IV. Tumoren der ableitenden Tränenwege

A. Epithelial
1. Benign
    a. Plattenepithelpapillom   M 80520
    b. „Übergangszell"papillom   M 81201
    c. Andere
2. Malign
    a. Plattenepithelkarzinom   M 80703
    b. „Übergangszell"karzinom
    c. Adenokarzinom   M 81403
    d. Andere

B. Melanozytär (siehe Tumoren der Haut)
C. Mesenchymal (siehe Tumoren der Weichgewebe)
D. Tumore der peripheren Nerven (siehe dort)
E. Tumoren des blutbildenden und lymphatischen Gewebes (siehe dort)
F. Metastatisch
G. Tumorartig
1. Zysten   M 33400
2. Dakryozystitis und/oder   M 40000
    Kanalikulitis
3. Andere

V. Tumoren der Orbita

A. Mesenchymal (siehe Tumoren der Weichgewebe und Tumoren der Knochen- und Knorpel)

B. Tumore der peripheren Nerven (siehe dort)

C. Optikustumore (siehe auch Tumore des zentralen Nervensystems)
    1. Benign
        a. Pilozytisches Astrozystom   M 94213
        b. Andere Gliome   M 93801
        c. Meningiome   M 95300
        d. Andere
    2. Malign
        a. Anaplastisches Astrozytom   M 94013
        b. Anaplastisches Meningiom   M 95303
        c. Andere

D. Melanozytär (siehe Tumoren der Haut)

E. Keimzelltumore (siehe Tumoren des Hodens)

F. Tumoren des blutbildenden und lymphatischen Gewebes (siehe dort)

G. Metastatisch

H. Tumorartig
    1. Pseudolymphom   M 72290
    2. Plasmazellgranulom   M 43060
       (Plasmazellpseudotumor)
    3. Sklerosierender entzündlicher Pseudotumor   M 76890
    4. Rheumatismus nodosus   M 44960
    5. Wegener'sche Granulomatose   M 44720
    6. Lipogranulom   M 44040
    7. Xanthogranulom   M 44040
    8. Andere Granulome,   M 44000
    9. Fibromatosen (siehe Tumoren der Weichgewebe)   M 76100
  10. Noduläre Fasciitis   M 76130
  11. Proliferative Myositis   M 76140
  12. Mucozele   M 33200
  13. Hyperthyreose (Graves'disease, Mb. Basedow)
  14. Histiozystosis X (siehe Tumoren der Knochen- und Knorpel)
  15. Heterotopien und Fehlbildungen
        a. Dermoidzyste und Epidermoidzyste   M 33410
        b. Heterotopes Tränendrüsengewebe   M 26000
        c. Meningoenzephalozele   M 21670
        d. Ektopisches neurogliales Gewebe   M 26160
  16. Andere

VI. Intraokuläre Tumore

A. Tumore der Uvea
    1. Melanozytär
        a. Benign

      i. Nävuszellnävus   M 87200

      ii. Okuläre Melanozytose (Melanosis oculi)   M 57210

      iii. Nävus Ota   M 57240

   b. Malign

      i. Malignes Melanom   M 87203

2. Mesenchymal (siehe Tumoren der Weichgewebe)

3. Tumore der Knochen- und Knorpel (siehe dort)

4. Tumore der peripheren Nerven (siehe dort)

5. Tumore des blutbildenden und lymphatischen Gewebes (siehe dort)

6. Metastatisch

7. Tumorartig

   a. Implantationszysten   M 33400

   b. Kavernöses Hämangiom   M 91210

   c. Andere

8. Andere

B. Tumore der Pars optica der Netzhaut

1. Embryonale neuroektodermale Tumore

   a. Retinoblastom (undifferenziert) oder

      differenziert = „Retinozystom"   M 95103

      diff.   M 95113

      undiff.   M 95123

   b. Okuläres Medulloepitheliom

      (Diktyom)   M 95013

   c. Andere

2. Neuroepithelial (siehe auch Tumore des zentralen Nervensystems)

   a. Astrozytome   M 94003

   b. Andere

3. Mesenchymal (siehe auch Tumore der Weichgewebe)

   a. Hämangioblastom (Lindau-Tumor)   M 24850

   b. Andere

4. Tumore des blutbildenden und lymphatischen Gewebes (siehe dort)

5. Metastatisch

6. Tumorartig

   a. Gliöse Hamartie   D 54350

   b. Persistierender primärer   M 21400

      Glaskörper

   c. Retrolentale Fibroplasie   M 49270

   d. Andere

7. Andere

C. Tumore des unpigmentierten Epithels der Pars ciliaris der Netzhaut

1. Embryonal neuroektodermal

   a. Okuläres Medulloepitheliom (Diktyom)   M 95013

   b. Teratoides Medulloepitheliom   M 95023

   c. Andere

    2. Benign
       a. Adenom   M 81400
       b. Gangliogliom   M 94903
       c. Andere
    3. Malign
       a. Adenokarzinom   M 81403
       b. Andere
    4. Tumorähnliche Veränderungen
       a. Reaktive Hyperplasie   M 72020
       b. Andere
    5. Andere

D. Tumore des Pigmentepithels der Iris, des Ziliarkörpers und der Netzhaut
    1. Benign
       a. Pigmentiertes Adenom (Fuchs)
       b. Andere
    2. Malign
       a. Pigmentiertes Adenokarzinom
       b. Andere
    3. Tumorartig
       a. Granulomatöse Iritis/Iridozyklitis   M 40000
       b. Hyperplasie   M 72000
       c. Zysten   M 33400
       d. Andere

E. Tumore der Sehnervenscheibe
    1. Okuläres Medulloepitheliom (Diktyom)   M 95013
    2. Nävuszellnävus   M 87200
    3. Astrozytom   M 94003
    4. Gangliogliom   M 94903
    5. Tumorähnliche Läsionen
       a. Drüsen
       b. Andere
    6. Andere

F. Metastatisch

Topographie – Codierung

snomed	Lokalisation
T XX000	Auge
T XX010	rechtes Auge
T XX020	linkes Auge
T XX200	Cornea
T XX310	Choroidea
T XX500	Iris
T XX610	Retina
T XX802	Augenadnexe
T XX810	Augenlid
T XX900	Tränenapparat

T N M – Staging

Augenlid/Karzinom	
T1	Nicht in Tarsus Lidrand: ≤ 5 mm
T2	In Tarsus, Lidrand: > 5 mm bis 10 mm
T3	Volle Dicke Lidrand: > 10 mm
T4	Nachbarstrukturen
N1	Regionär

Tränendrüsen/Karzinom	
T1	≤ 2.5 cm, begrenzt auf Drüse
T2	≤ 2.5 cm, Periost
T3	> 2,5 cm bis 5 cm
T3a	Begrenzt auf Drüse
T3b	Periost
T4	> 5 cm
T4a	Orbita, nicht Orbitalknochen
T4b	Orbita und Orbitalknochen
N1	Regionär

Konjunktiva/Karzinom	
T1	≤ 5 mm
T2	> 5 mm ohne Infiltration von Nachbarstrukturen
T3	Nachbarstrukturen
T4	Orbita
N1	Regionär

Augenlid/Malignes Melanom		
pT1	≤ 0,75 mm	Level II
pT2	> 0,75 mm bis 1,5 mm	Level III
pT3	> 1,5 mm bis 4 mm	Level IV
pT4	> 4 mm/Satellite(n)	Level V
N1	Regionär	
N2	Regionär > 3 cm und/oder In-transit-Metastase(n)	

Orbitasarkom	
T1	≤ 15 mm
T2	> 15 mm
T3	Infiltration von Orbitalgewebe, Orbitalwand
T4	Infiltration jenseits Orbita
N1	Regionär

Konjunktiva/Malignes Melanom			
T1	Bulbuskonjunktiva ≤ 1 Quandrant	pT1	T1, ≤ 2 mm dick
T2	Bulbuskonjunktiva > 1 Quadrant	pT2	T2, ≤ 2 mm dick
T3	Fornix Lidkonjunktiva Karunkel	pT3	T1 oder T2, > 2 mm dick und/oder T3
T4	Infiltration von Augenlid, Hornhaut und/oder Orbita	pT4	T4
N1	Regionär	pN1	Regionär

Iris/Malignes Melanom	
T1	Iris
T2	≤ 1 Quadrant mit Infiltration in Kammerwinkel
T3	> 1 Quadrant mit Infiltration in Kammerwinkel
T4	Extrakuläre Ausbreitung

Ziliarkörper/Malignes Melanom	
T1	Ziliarkörper
T2	Infiltration in vordere Kammer und/oder Iris
T3	Infiltation in Chorioidea
T4	Extraokuläre Ausbreitung

Chorioidea/Malignes Melanom	
T1	≤ 10 mm größte Ausdehnung, ≤ 3 mm Erhabenheit
T1a	≤ 7 mm größte Ausdehnung, ≤ 2 mm Erhabenheit
T1b	> 7 mm bis 10 mm größte Ausdehnung > 2 mm bis 3 mm Erhabenheit
T2	> 10 mm bis 15 mm größte Ausdehnung, > 3 mm bis 5 mm Erhabenheit
T3	> 15 mm größte Ausdehnung oder > 5 mm Erhabbenheit
T4	Extraokuläre Ausbreitung

Alle Bezirke	
N1	Regionär

TNM	Retinoblastom		pTNM
T1	≤ 25% der Retina		pT1
T2	> 25% bis 50% der Retina		pT2
T3	> 50% der Retina und/oder intraoku-lär jenseits der Retina		pT3
T3a	> 50% der Retina und/oder Tumorzell-haufen im Glaskörper		pT3a
T3b	Papille	Neruvs opticus bis zur Lamina cribrosa	pT3b
T3c	Vordere Kammer und/oder Uvea	Vordere Kammer und/oder Uvea und/oder intra-skleral	pT3c
T4	Extraokulär		
T4a	Nervus opticus	Jenseits Lamina cribrosa, aber nicht an Resek-tionslinie	pT4a
T4b	Sonst extraokulär	Sonst extraokulär und/oder an Re-sektionslinie	pT4b
N1	Regionär		pN1

Erläuterungen

Die vorgegebene Klassifikation richtet sich vornehmlich nach der WHO-Klassifikation (1), und nach den gängigen ophthalmopathologischen Lehrbüchern (2).

Literatur

1. Zimmermann, L. E., Sobin, L. H.: Histological typing of tumors of the eye and its adnexa. (International histological classification of tumors, No. 24) Geneva: World Health Organization. 1980.
2. Spencer, W. H.: Ophthalmic pathology. An atlas and textbook, vol. I–III. Philadelphia, London, Toronto, Mexiko City, Rio de Janeiro, Sydney, Tokyo: W. B. Saunders Company. 1985–1986.

13. Endokrines System

13.1 Tumoren der Adenohypophyse

H. Höfler

I. Epithelial

A. Benign
    1. Adenom*   M 81400
       a. Wachstumshormon (GH-)produzierendes
       b. Prolaktin produzierendes
       c. GH- und Prolaktinproduzierendes*
       d. Corticotrophes (ACTH-produzierendes)
       e. Thyreotrophes (TSH-produzierendes)
       f. FSH-produzierendes
       g. LH-produzierendes
       h. „Alpha-only" Adenom
       i. Multihormonelles (plurihormonelles)
       k. Adenom ohne nachweisbare Hormonproduktion
          (Null-Zell Adenom)*

B. Malign *
    1. Adenocarcinom   M 81403
    2. Carcinosarkom   M 89803

II. Mesenchymal (siehe Tumoren der Weichgewebe)

III. Verschiedene

A. Benign
    1. Kraniopharyngeom   M 93501
    2. Granularzelltumor*   M 95800
    3. Gangliozytom der Sellaregion   M 94900
    4. Adenohypophyseales neuronales Choristom   M 75520
    5. Andere

B. Malign
    1. Carcinosarkom
    2. Andere

IV. Metastatisch   M ___6

V. Unklassifiziert   M 8000_

VI. Tumorartig

A. Zysten
1. Glanduläre Zyste   M 33730
2. Epidermoidzyste   M 33410
3. Dermoidzyste   M 90840
B. Heterotopien   M 26000
1. Speicheldrüsengewebe
2. Pharyngeales Hypophysengewebe
C. Hyperplasie*   M 72000
a. Diffus
b. Nodulär   M 72030
D. Eosinophiles Granulom   M 44050
E. Riesenzellgranulom*   M 44110
F. Lymphozytäre (autoimmune) Hypophysitis
G. Andere

Topographie – Codierung

snomed	*Lokalisation*
T 91000	Hypophyse
T 96100	Adenohypophyse
T 91200	Neurohypophyse

Erläuterungen

I.A.1. Die ausschließlich morphologische Klassifikation der Hypophysenadenome (azidophil, basophil, gemischt, chromophob) sollte nicht mehr verwendet werden, da diese Klassifikation keinerlei klinische Relevanz hat. Alle Hypophysenadenome sollen immunhistochemisch untersucht werden. Antikörper gegen folgende Hormone bzw. Peptide sollten in der Diagnostik der Hypophysenadenome routinemäßig verwendet werden: GH, Prolaktin, ACTH, FSH, LH, TSH, alpha HCG und evtl. S-100 Protein.
I.A.1.c. Die Abgrenzung des GH- und Prolaktinproduzierenden vom somatotrophen und vom azidophilen Stammzell-Adenom ist nur nach elektronenmikroskopischer Untersuchung eindeutig möglich.
I.A.1.k. Der Begriff undifferenziertes Adenom sollte nicht verwendet werden.
I.B. Sichere Malignitätskriterien sind die Metastasierung und die Invasion der Sinus. Lokale Invasion der Dura und knöchernen Sella wird bei benignen Hypophysenadenomen häufig beobachtet (35%, invasive Adenome). Der Nachweis mikroskopischer duraler Invasion allein, stellt demnach kein diagnostisches Kriterium für Malignität dar. Die Abgrenzung von invasiven Adenomen und Carcinomen kann aufgrund der lichtmikrosko-

pischen und zytologischen Untersuchung sehr schwer bzw. unmöglich sein. Auch maligne Tumoren sollten immunhistochemisch untersucht werden (häufige ACTH-Produktion!).

III.A.2. Diese Tumoren sind selten und gehen vom Stiel des Hypophysenhinterlappens aus, produzieren selten Symptome (Hyperprolaktinämie durch Hypophysenstielkompression!).

Immunhistochemisch verhalten sie sich gleich wie Granularzelltumoren anderer Lokalisation (vgl. Tumoren der Weichgewebe).

VI.C. Diese Läsion ist selten und wird gehäuft assoziiert mit neuroendokrinen Tumoren, die ektopische hyperthalamische Releasing-Hormone produzieren, gefunden. Die Diagnose der Hyperplasie ist schwierig und in kleinen Biopsien häufig unmöglich. Hilfreich ist neben dem Nachweis der verschiedenen Hormone der Nachweis von S-100 Protein in den Folliculostellatezellen mittels Immunhistochemie.

VI.E. Es handelt sich um eine idiopathische, entzündliche Läsion, die von der lymphozytären Hypophysitis (riesenzellige Granulome!) und von der Tuberkulose (keine Verkäsung!) abgegrenzt werden sollte. Die Sarkoidose betrifft in den allermeisten Fällen auch andere Organe (Hypothalamus und Hypophysenhinterlappen), während das Riesenzellgranulom nur den Hypophysenvorderlappen betrifft.

Literatur

1. Williams, E. D., Siebmann, R. E., Sobin, L. H.: Histological typing of endocrine tumours. (International histological classification of tumours, No. 23) Geneva: World Health Organization. 1980.
2. Scheithauer, B. W. In: Sternberg, St., (ed.) Diagnostic surgical pathology, vol. 1. S. 371–393. New York: Raven Press. 1989.
3. Horvath, E.: Pituitary hyperplasia. Path. Res. Pract. *183*, 623–625 (1988).
4. Giannattasio, G., Bassetti, T.: Human pituarity adenomas. Recent advances in morphological studies. J. Endocrinol. Invest. *13*, 435–454 (1990).
5. Landolt, A. M., Heitz, Ph. U.: Alpha-subunit-producing pituaritary adenomas. Immunocytochemical and ultrastructural studies. Virchows Arch [A] (Pathol. Anat.) *409*, 417–431 (1986).
6. Höfler, H., Walter, G. F., Denk, H.: Immunohistochemistry of folliculo-stellate cells in normal human adenophyses and pituitary adenomas. Acta Neuropathol. (Berl) *65*, 35–40 (1984).

13.2 Tumoren der Schilddrüse

K.W. Schmid, N. Neuhold, S. Lax, E. Schmalzer und *F. Hofstädter*

I. Epithelial

A. Benign
1. Follikuläres Ademom*
   a. Normofollikulär   M 83300
   b. Makrofollikulär (kolloidreich)   M 83340
   c. Mikrofollikulär (fetal)   M 83330
   d. Trabekulär und solid (embryonal)   M 81900
      i. Hyalinisierend*
   e. Atypisches Adenom*
2. Adenolipom   M 83240
3. Andere

B. Malign
1. Follikuläres Karzinom*   M 83303
   a. Minimal invasiv (gekapselt)
   b. Breit invasiv
2. Papilläres Karzinom*   M 82603
3. Insuläres Karzinom*
4. Undifferenziertes Karzinom
5. Medulläres Karzinom   M 85113
   a. Ohne C-Zell-Hyperplasie*
   b. Mit C-Zell-Hyperplasie*
   c. Gemischt follikulär-medullär*
   d. Gemischt papillär-medullär
6. Andere*

II. Mesenchymal (siehe auch Tumoren der Weichgewebe

A. Benign
B. Malign
1. Malignes Hämangioendotheliom*   M 91203
2. Fibrosarkom*   M 88103
3. Andere

III. Tumoren des blutbildenden und lymphatischen Gewebes (siehe dort)

IV. Verschiedene*

V. Metastatisch   M ____6

VI. Unklassifiziert   M 8000_

VII. Tumorartig

1. Hyperplasie	M 72000
a. Nodös	M 72030
b. Diffus	
i. Kolloidal	
ii. Parenchymatös (Basedow)	
2. Zysten*	M 26500
3. Solide Zellnester* („solid cell nests")	
4. Pleomorphe Follikelzellherde*	
5. Thyreoiditis	M 40000
a. Subakut (De Quervain)	
b. Lymphozytär (Hashimoto)	
i. Hypertrophisch	M 45800
ii. Atrophisch	
c. Invasiv fibrös (Riedel)	
6. Amyloidkropf	
7. Andere	

Topographie – Codierung

snomed	*Lokalisation*
T 96000	Schilddrüse
T 96100	rechter Schilddrüsenlappen
T 96200	linker Schilddrüsenlappen
T 96300	Isthmus
T 96400	Lobus pyramidalis
T 96500	Ductus thyreoglossus

T N M – Staging

Schilddrüse	
T1	≤ 1 cm
T2	> 1 bis 4 cm
T3	> 4 cm
T4	Ausbreitung jenseits der Drüse
N1a	Metastasen in ipsilateralen Halslymphknoten
N1b	Metastasen in bilateralen, in der Mittellinie gelegenen oder kontralateralen Halslymphknoten oder metastinalen Lymphknoten

Erläuterungen

I.A.1. Oxyphile Adenome (onkozytäre Adenome, Hürthle-Zell-Adenome) sind meist vom trabekulären, manchmal auch vom mikrofollikulären Typ und bestehen zum großen Teil oder gänzlich aus onkozytär transformierten Follikelepithelzellen.

Hellzellig differenzierte follikuläre Adenome müssen von hellzellig gebauten follikulä-

ren Karzinomen, epithelialen Nebenschilddrüsentumoren und Metastasen von Nierenzellkarzinomen abgegrenzt werden.

I.A.d.i. Hyalinisiert trabekuläre Adenome sind seltene Tumoren, die jedoch als medulläre oder papilläre Karzinome fehlinterpretiert werden können (1).

I.A.1.e. Atypische Adenome sind zellreiche Adenome, die meist aus trabekulären und/
oder mikrofollikulären Strukturen aufgebaut sind. Kern- und Zellgrößenvariationen,
manchmal auch spindelzellige Areale, können dabei vorkommen. Die Differentialdiagnose gegenüber gekapselten, hochdifferenzierten follikulären Schilddrüsenkarzinomen
gelingt nur nach Ausschluß eines Kapseldurchbruchs oder einer Gefäßinvasion.

I.B.1. Minimal invasive (gekapselte) follikuläre Karzinome sind im Aufbau und in ihrer
Zytologie nicht von embryonalen, fetalen und atypischen Adenomen zu unterscheiden.
Ihre Malignitätskriterien sind Gefäßinvasion und/oder vollständige Durchbruch durch
die Tumorkapsel.

Eine oxyphile (onkozytäre) oder hellzellige Differenzierung in follikulären Karzinomen
sollte bei der Diagnose erwähnt werden. Der Begriff „Onkozytom" ohne nähere Angaben
über die strukturelle, follikuläre oder papilläre (vergl. auch dort) Differenzierung ist
abzulehnen.

I.B.2. Papilläre Karzinome enthalten oft follikuläre Abschnitte, die in manchen Fällen
sogar gegenüber papillären Strukturen überwiegen. Aufgrund ihres biologischen Verhaltens sind diese Tumoren in die Gruppe der papillären Karzinome einzuordnen.

Die WHO-Klassifizierung (4) unterscheidet neben dem „klassischen" papillären Karzinom fünf Sonderformen:

i.   Papilläres Mikrokarzinom: Durchmesser 1,0 cm oder kleiner.

ii.   Vollständig eingekapseltes papilläres Karzinom

iii. Follikuläre Variante des papillären Karzinoms:
      Vollständiger Aufbau aus Follikeln, jedoch zelluläre (Uhrglaskerne!) und klinische
      Eigenschaften wie die papillären Karzinome.

iv.   Diffus sklerosierendes Karzinom: Diffuse (multifokale) Ausbreitung in einem oder
      beiden Schilddrüsenlappen. Häufig assoziiert mit Plattenepithelmetaplasien.

v.   Oxyphile Variante: Seltene Tumorform mit papillärem Aufbau, jedoch ohne die
      typischen Kernveränderungen der papillären Karzinome (Uhrglaskerne). Der Be-
      griff „Onkozytom" ohne nähere Angabe eines papillären oder follikulären Aufbaus
      ist zu vermeiden.

1.B.3. Die neue WHO-Klassifizierung verzichtet auf eine Subtypisierung der undifferenzierten Karzinome. Insbesondere bei den früher als kleinzellig anaplastisch bezeich-
neten Karzinomen dürfte es sich in der Mehrzahl der Fälle um maligne Lymphome
gehandelt haben. Wenn überhaupt, sollte der Ausdruck kleinzellig anaplastisches Karzinom nur nach (immunhistochemischem) Ausschluß eines malignen Lymphoms, eines
gering differenzierten medullären oder follikulären Karzinoms, oder einer Metastase
verwendet werden. Eine morphologische Unterteilung der undifferenzierten Karzinome
in spindelzellige, großzellige oder gemischt spindel-großzellige Varianten ist weiterhin
gebräuchlich, hat aber keine klinische Relevanz.

Karzinosarkome werden generell als undifferenzierte Karzinome klassifiziert.

I.B.4.a.,b. Das medulläre Karzinom bedarf des immunhistochemischen Nachweises.
Genetisch determinierte (familiäre) medulläre Karzinome sind häufig bilateral und
entwickeln sich aus einer vorbestehenden C-Zell-Hyperplasie, während sporadische
Fälle in der Regel keine C-Zell-Hyperplasie aufweisen. Der immunhistochemische

Nachweis oder Ausschluß einer C-Zell-Hyperplasie (in beiden Schilddrüsenlappen) sollte obligat erfolgen.

I.B.4.c. Seltene Variante des medullären Karzinoms. Vorsicht ist beim sogenannten „Entrapment" nicht-neoplastischer Follikel in medullären Karzinomen geboten. Auch das Vorhandensein immunoreaktiven Thyreoglobulins in medullären Karzinomen ohne strukturelle follikuläre Differenzierung ist kein ausreichendes Kriterium zur Diagnose eines gemischt follikulär-medullären Karzinoms.

I.B.5. Hierzu werden extrem seltene Tumoren wie mucinöse Karzinome, Plattenepithelkarzinome oder Mucoepidermoidkarzinome gezählt.

II.B.1. Das maligne Hämangioendotheliom wird nun als eindeutig vom Endothel ausgehender Tumor definiert (5).

Falls immunhistochemisch eine epitheliale Differenzierung (Zytokeratine) nachweisbar ist, sollte der Tumor als undifferenziertes Karzinom klassifiziert werden.

II.B.2. Fibrosarkome können schwierig von anaplastischen spindelzellig gebauten Karzinomen abzugrenzen sein.

Immunhistochemisch sind Fibrosarkome allerdings immer Zytokeratin-negativ.

IV.1. Intrathyreoidale Nebenschilddrüse.

IV.2. Spindelzelliger Tumor mit Schleimzysten: niedrig maligner Tumor unklarer Histogenese mit Zytokeatin-positiven spindeligen Zellen und schleimproduzierenden Drüsenstrukturen (2). Differentialdiagnostisch ist eine Abgrenzung von Teratomen und undifferenzierten Karzinomen erforderlich.

IV.3. Paragangliom.

IV.4. Teratom.

VII.2. Zystisch-regressiv veränderte Adenome werden nicht als Schilddrüsenzysten bezeichnet.

VII.3. Solide Zellnester („solid cell nests") erinnern an Plattenepithelmetaplasieinseln. Sie produzieren sauren Schleim und in ihrer Umgebung finden sich üblicherweise C-Zellen.

VII.4. Foci von Follikelzellen mit ausgeprägter Pleomorphie (teilweise bizzare hyperchromatische Nuclei) werden in hyperplastischen Schilddrüsen nach Thyreostatika- oder Radiojodtherapie beobachtet.

Literatur

1. Carney, J. A., Ryan, J., Goellner, J. R.: Hyalinizing trabecular adenoma of the thyroid gland. Am. J. Surg. Pathol *11*, 583–591 (1987).
2. Harach, H. R., Day, E. S., Franssila, K. O.: Thyroid spindle-cell tumor with mucous cysts. Am. J. Surg. Pathol. *9*, 525–530 (1985).
3. Hazard, J. B., Kenyon, R.: Atypical adenoma of the thyroid. Arch. Pathol. *58*, 554–563 (1954).
4. Hedinger, C., Williams, E. D., Sobin, L. H.: Histological typing of throid tumours. 2nd. edn. No. 11. In: International Histological Classification of Tumours, World Health Organization. Berlin, Heidelberg, New York, London, Paris, Tokyo, Hong Kong: Springer. (1988).
5. Hedinger, C., Williams, E. D., Sobin, L. H.: The WHO histological classification of thyroid tumours: a commentry on the second edition. Cancer *63*, 908–911 (1989).

6. Hofstädter, F., Schistek, R., Ladurner, D.: Morphologie und klinischer Verlauf des „atypischen Adenoms" der Schilddrüse. Verh. Dtsch. Ges. Pathol. *63*, 400–404 (1979).

7. Williams, E.D.: Histogenesis of medullary carcinoma of the thyroid. J. Clin. Pathol. *19*, 114–118 (1966).

8. Williams, E. D., Siebemann, R., Sobin, L. H.: Histological typing of endocrine tumours. In: International Histological Classification of Tumours. Geneva: World Health Organization. 1980.

13.3 Tumoren der Nebenschilddrüsen

K. W. Schmid und *H. Höfler*

I. Epithelial

A. Benign
1. Adenom *	M 81400
a. Hauptzelliges	M 83210
b. Wasserhelles	M 83220
c. Oxyphiles	M 82900

B. Malign
1. Adenokarzinom	M 81403

II. Verschiedene
1. Lipoadenom	M 83240
2. Andere	

III. Metastatisch   M ____6

IV. Unklassifiziert   M 8000_

V. Tumorartig
1. Primäre Hyperplasie *	M 72010
a. Noduläre (Hauptzellen-)Hyperplasie	M 72030
b. Diffuse Hyperplasie der wasserhellen Zellen	
2. Andere Hyperplasien *	M 72020
3. Zysten	M 33400
4. Andere	

Topographie – Codierung

snomed	*Lokalisation*
T 97000	Nebenschilddrüse

Erläuterungen

I.A.1. Nebenschilddrüsenadenome betreffen grundsätzlich nur **eine** Nebenschilddrüse (5). Adenome bestehen aus einer Zellart und weisen eine durchgehende Kapsel auf. In Adenomen findet sich **kein** Fettgewebe. Meist läßt sich noch normales Nebenschilddrüsengewebe um das Adenom nachweisen.

V.1. Die primäre Nebenschilddrüsenhyperplasie kann fokal oder diffus ausgebildet sein. Sie betrifft in der Mehrzahl der Fälle alle Nebenschilddrüsen; die Vergrößerung der einzelnen Nebenschilddrüsen kann jedoch recht unterschiedlich ausgebildet sein. Im

Extremfall kann auch nur eine Nebenschilddrüse hyperplastisch sein („single gland hyperplasia", 4,5), die dann von Adenomen äußerst schwierig zu unterscheiden ist. Nach Ghandur-Mnaymneh und Kimura (5) findet sich im Vergleich mit Adenomen in hyperplastischen Nebenschilddrüsen mehrere Zelltypen, keine oder nur gering ausgebildete Zellpleomorphie und/oder eine deutliche Lobulierung und/oder Fettgewebe.

Als wichtige Unterscheidungshilfe bei der Gefrierschnittuntersuchung wird die Darstellung von intrazytoplasmatischem Fett mit Oil-red O und Sudan IV angesehen (5). Die Zellen von Adenomen sind frei von intrazytoplasmatischem Fett, Hyperplasien zeigen eine Verringerung der Fetttropfen, während normales oder suprimiertes Nebenschilddrüsengewebe reichlich intrazytoplasmatisches Fett aufweist.

Eine primäre Nebenschilddrüsenhyperplasie (möglicherweise in einzelnen Fällen auch Adenome) kommt im Rahmen der „Multiplen Endokrinen Neoplasie Syndrome" (MEN I, MEN IIA) vor.

V.2. Diese Hyperplasien könne diffus (sekundäre Hyperplasie – sekundärer Hyperparathyreoidismus, z. B. bei Niereninsuffizienz, Osteomalazie) oder nodulär (tertiärer Hyperparathyreoidismus) sein.

Literatur

1. Williams, E. D.: The parathyroid glands. In: Symmers, W. ST. C. (ed.) Systemic Pathology. 2nd edn., vol. 4. Edinburgh, London, New York: Livingstone. 1978.
2. Williams, E. D., Siebenmann, R. E., Sobin, L. H.: Histological typing of endocrine tumours (International histological classification of tumours. No. 23) Geneva: World Health Organization. 1980.
3. Grimelius, L., Akerström, G., Johansson, H.: The parathyroids. Location and histopathological diagnosis. Uppsala: Centraltryckeriet AB. 1981.
4. Ghandur-Mnaymneh, L., Kimura, N.: The parathyroid adenoma. A histopathological definition with a study of 172 cases of primary hyperparathyroidism. Am. J. Pathol. *115,* 70 (1984).
5. Mendelsohn, G.: Pathology of the parathyroid glands. In: Mendelsohn, G. (ed.) Diagnosis and pathology of endocrine diseases. Philadelphia: J. B. Lippincott Company. 1988.

13.4 Tumoren der Nebennierenrinde

N. Neuhold und *K. W. Schmid*

I. Epithelial*

A. Benign
    1. Adenom   M 83700
        a. Spongiozytisches Adenom   M 83730
        b. Kompaktzelliges Adenom   M 83710
            i. „Schwarzes" Adenom   M 83720
           ii. Adenom vom Theka-Luteintyp
        c. Adenom vom Glomerulosazelltyp   M 83740
        d. Gemischtzelliges Adenom   M 83750
            i. „Hybridzelliges Adenom"

B. Malign
    1. Karzinom   M 83703

II. Mesenchymal (siehe auch Tumoren der Weichgewebe)

A. Benign
    1. Hämangiom   M 91200
    2. Lymphangiom   M 91700
    3. Lipom   M 88500
    4. Myelolipom   M 88700
    5. Leiomyom   M 88950
    6. Andere

B. Malign
    1. Angiosarkom   M 91203
    2. Leiomyosarkom   M 88903
    3. Andere

III. Verschiedene

    1. Granulosazelltumor   M 86201
    2. Spindelzelltumor
    3. Adenomatoidtumor
    4. Andere

IV. Metastatisch   M ___6

V. Unklassifiziert   M 8000_

VI. Tumorartig

A. Hyperplasien
    1. Diffuse   M 72000

    2. Noduläre   M 72030
      a. Fokal
      b. Multipel
  B. Zysten   M 33400
    1. Echte Zysten
    2. Pseudozysten
  C. Granulome   M 44000
    1. Tuberkulose   M 44200
    2. Andere
  D. Andere

Topographie – Codierung

snomed	*Lokalisation*
T 93000	Nebenniere
T 93100	Nebennierenrinde
T 93200	Nebennierenmark

Erläuterungen

Die histopathologisch schwierige Unterscheidung hochdifferenzierter Nebennierenrin-denkarzinome von Adenomen wird durch neuerdings entwickelte diagnostische Syste-me, die eine Vielzahl von teils klinischen, teils histologischen Kriterien berücksichtigen und unterschiedlich gewichten, ermöglicht. (Übersicht Medeiros und Weiss 1992).
I. Bei epithelialen Tumoren sollte zwischen hormonell aktiven und inaktiven Formen unterschieden werden.
Die Bestimmung des Tumorstadiums wird nach Henley et al. 1983 durchgeführt:

T1	Tumordurchmesser 5 cm, keine Invasion
T2	Tumordurchmesser 5 cm, keine Invasion
T3	Tumor jeder Größe mit lokaler Invasion ohne Übergreifen auf benachbarte Organe
T4	Tumor jeder Größe mit Infiltration benachbarter Organe
N0	keine regionären Lymphknotenmetastasen
N1	regionäre Lymphknotenmetastasen
M0	keine Fernmetastasen
M1	Fernmetastasen
Stadium	
I	T1 N0 M0
II	T2 N0 M0
III	T1 oder T2 N1 M0, oder T3 N0 M0
IV	T3 N1, T4, jedes T und N mit M1

Literatur

1. Henley, D. J., Van Heerden, Grant, C. S., Carney, J. A., Carpenter, P. C.: Adrenal cortical carcinoma-A continuing challenge. Surgery *94,* 926–931 (1983).
2. Medeiros, L. J., Weiss, L. M.: New developments in the pathologic diagnosis of adrenal cortical neoplasms – a review. Am. J. Clin. Pathol. *97,* 73–83 (1992).
3. Mendelsohn, G.: Pathology of the adrenal gland. In: Mendelsohn G. (ed). Diagnosis and pathology of endocrine diseases. pp. 215–246. Philadelphia: J. B. Lippincott Company. 1988.
4. Sloper, J. C.: The adrenal glands. In: Symmers, W. S. C. (ed.) Systemic pathology. pp. 1914–1974 (revised by Fox, B.) Edinburgh: 1978.
5. Symington, T.: The adrenal cortex. In: Bloodworth J. M. B. jr. (ed) Endocrine pathology. General and surgical, pp. 419–471. Baltimore: Williams and Wilkins. 1982.
6. Williams, E. D., Siebenmann, R. E., Sobin, L. H.: Histological typing of endocrine tumours (International histological classification of tumours, No. 23) Geneva: World Health Organization. 1980.

13.5 Tumoren des Nebennierenmarks, der extraadrenalen Paraganglien und der Chemorezeptororgane

K. W. Schmid und *N. Neuhold*

I. Neuroendokrin (chromaffin)

A. Benign
  1. Phäochromozytom*   M 87000
    a. Reines Phäochromozytom
    b. Phäochromozytom mit ganglioneuromatöser Komponente
  2. Extradrenales Paragangliom*
    a. Sympathisches Paragangliom   M 86811
    b. Parasympathisches Paragangliom   M 86821

B. Malign
  1. Phäochromozytom*   M 87003
    a. Reines Phäochromozytom
    b. Phäochromozytom mit ganglioneuromatöser Komponente
  2. Extradrenales Paragangliom*
    a. Malignes sympathisches Paragangliom   M 87003
    b. Malignes parasympathisches Paragangliom

II. Tumoren neuroblastären Ursprungs (nichtchromaffine)

  1. Ganglioneurom   M 94900
  2. Ganglioneuroblastom   M 94903
  3. Neuroblastom   M 95003

III. Verschiedene

  1. Neurilemom   M 95600
  2. Neurofibrom   M 95400
  3. Leiomyom   M 88900
  4. Hämangiom   M 91200
  5. Malignes Melanom   M 87203
  6. Andere

IV. Metastatisch   M ___6

V. Unklassifiziert   M 8000_

VI. Tumorartig

  1. Hyperplasie   M 72000
  2. Andere

Topographie – Codierung

snomed	*Lokalisation*
T 93200	Nebennierenmark
T 94000	Glomus caroticum
T 95000	Paraganglion

Erläuterungen

I.A.1. und I.B.1. Sporadische Phäochromozytome sind praktisch immer unilateral und in 95% unizentrisch. Familiäre Phäochromozytome im Rahmen der MEN II Syndrome sind in ungefähr 60% der Fälle multizentrisch und in mehr als zwei Drittel der Fälle bilateral, oft besteht eine Nebennierenmarkhyperplasie.

4–7% aller Phäochromozytome zeigen malignes Verhalten, wobei allerdings nur das Vorhandensein von Metastasen (am häufigsten in Leber, Knochen, Lunge, Lymphknoten) als absolutes Malignitätskriterium gilt. Zelluläre Kriterien, Mitosen, Nekrosen, Gefäß- und Kapselinvasion sind keine sicheren Malignitätsmerkmale, da sie auch bei benignen Phäochromozytomen vorkommen oder bei malignen fehlen können.

I.A.2. und I.B.2. Wie beim Phaechromozytom kann nur die Metastasierung (Lymphknoten, Knochen, Leber, Lunge) als definitives Malignitätskriterium herangezogen werden. Da die Malignitätsrate je nach Entstehungsort zwischen 2–33 % schwankt, sollte eine Subklassifikation nach der Lokalisation durchgeführt werden.

Literatur

1. Symington, T.: Functional pathology of the human adrenal gland. Edinburgh, London: Livingstone. 1969.
2. Williams, E. D., Siebemannn, R. E., Sobin, L. H.: Histological typing of endocrine tumours (International histological classification of tumours, No. 23). Geneva: World Health Organization. 1980.
3. Gould, V. E., Sommers, S. C.: Adrenal medulla and paraganglia. In: Bloodworth, J. M. B. jr. (ed.) Endocrine pathology. General and surgical. 2nd. edn., pp. 473–511. Baltimore, London: Willams and Wilkins. 1982.
4. Mendelsohn, G.: Adrenal medulla. In: Mendelsohn, G. (ed.) Diagnosis and pathology of endocrine diseases, pp. 246–272. Philadelphia: J. B. Lippincott Company. 1988.

13.6 Tumoren des endokrinen Pankreas

K. W. Schmid und *H. Höfler*

I. Endokrine Tumoren (Inselzelltumoren)*   M 81500

A. Orthotope Hormone produzierend*
1. Insulinom   M 81510
2. Glukagonom   M 81520
3. PP (pankreatisches Polypeptid)-om*
4. Somatostatinom

B. Ektope Hormone produzierend*
1. Gastrinom   M 81531
2. Serotoninom*
3. VIP (vasoaktives intestinales Polypeptid)-om
4. Andere (z. B. ACTH, alpha-HCG, Kalzitonin, Parathormon, Neurotensin u. a.)*

C. Multihormonale Tumoren
D. Hormon-negative Tumoren*

II. Endo-exokrine Mischtumoren*   M 81543

III. Tumorartig*

Topographie – Codierung

snomed	*Lokalisation*
T 99000	endokriner Pankreas

Erläuterungen

I. Die immunhistochemische Untersuchung von endokrinen Pankreastumoren mit Antikörpern gegen Glukagon, Insulin, pankreatisches Polypeptid, Somatostatin, Gastrin, Serotonin, vasoaktives intestinales Polypeptid und alpha-HCG ist als obligatorisch anzusehen.

Zuverlässige histologische Kriterien zur Unterscheidung von benignen und malignen endokrinen Pankreastumoren gibt es nicht, die Begriffe I n s e l z e l l a d e n o m und I n s e l z e l l k a r z i n o m sollten daher nicht verwendet werden. Am zweckmäßigsten erscheint die Einteilung nach dem Hormon, das überwiegend produziert und sezerniert wird (z. B. „Insulinom"), in Fällen mit sicheren Malignitätskriterien (Metastasen) mit dem Zusatz malignes (z. B. „malignes Insulinom").

I.A. Tumoren, die ein Hormon zwar (immunhistochemisch nachweisbar) produzieren, jedoch nicht sezernieren (klinisch stumm sind), sollten als „endokrine Pankreastumoren mit Produktion von Insulin, Glukagon" usw. bezeichnet werden. Tumoren unter 5mm Durchmesser können als Mikroadenome bezeichnet werden.

I.A.3. Reine PP-ome sind immer gutartig.

I.B. Auch hier gilt die Regel, daß nur Tumoren, die Hormone produzieren und sezernieren (klinisch aktive Tumoren) als „Gastrinom", „VIP-om" usw. bezeichnet werden. Tumoren, in denen Hormone immunhistochemisch nachweisbar sind, jedoch nicht sezerniert werden, sollten als „endokrine Pankreastumoren mit Produktion von Gastrin, VIP" usw. bezeichnet werden.

I.B.2. In seltenen Fällen gehen Inselzelltumoren klinisch mit einem Karzinoid-Syndrom einher. Immunhistochemisch findet sich in diesen Tumoren Serotonin. Auf die Bezeichnung „Karzinoid" sollte aber verzichtet werden.

I.B.4. Die Produktion von alpha-HCG in Tumoren, die klinisch hormonell aktiv sind, spricht für Malignität, ist jedoch nicht beweisend.

I.D. Bei diesen Tumoren gelingt unter Verwendung der derzeit zur Verfügung stehenden Antikörper weder immunhistochemisch noch serologisch der Nachweis einer Hormonproduktion bzw. Sekretion (ca. 1/3 aller endokriner Pankreastumoren).

II. Seltene Tumoren mit unterschiedlicher Dignität, die sowohl endokrine als auch exokrine Differenzierung aufweisen. Die Diagnose ist nur immunhistochemisch und/oder elektronenoptisch möglich.

I. u. II. Ektopes endokrines Pankreasgewebe wird gemeinsam mit ektopem exokrinen Pankreasgewebe in unterschiedlichem Mischungsverhältnis in verschiedenen Lokalisationen (z. B. Magen, Duodenum, Meckel-Divertikel) gefunden. Aus ektopem endokrinen Pankreasgewebe können ebenfalls endokrine Tumoren entstehen.

III. Die Hyperplasie des Inselapparates wird bei persistierender hyperinsulinämischer Hypoglykämie bei Neugeborenen beobachtet (Nesidioblastose). Davon abzugrenzen ist eine (häufig nur relative) Hyperplasie des Inselapparates (Makro- und Polynesie) bei chronischer Pankreatitis in der Nachbarschaft von exokrinen Pankrastumoren. Im Rahmen des MEN-Syndroms Typ I werden neben einer Hyperplasie des Inselapparates gehäuft Mikroadenome (Adenomatose) beobachtet.

Literatur

1. Heitz, P. U.: Pankreatic endocrine tumours. In: Klöppel, G., Heitz, P. U. (eds.) Pancreatic pathology, pp. 206–232. Edinburgh, London, Melbourne, New York: Churchill Livingstone. 1984.
2. Mendelsohn, G.: Islet cell neoplasia and hyperplasia. In: Mendelsohn, G. (ed.) Diagnosis and Pathology of Endocrine Diseases, pp. 313–349. Philadelphia, London, Mexico City, New York, St.Louis, San Paolo, Sydney: J. B. Lippincott Company. 1988.
3. Ulich, T., Cheng, L., Lewin, K. J.: Acinar-endocrine cell tumor of the pancreas. Report of a pancreatic tumor containing both zymogen and neuroendocrine granules. Cancer *50,* 2099–2105 (1982).
4. Klöppel, G., Höfler, H., Heitz, Ph. U.: Pancreatic endocrine tumors in man (in press). In: Polak, J. M. (ed.) Neuroendocrine Tumors. Edinburgh: Churchill Livingstone (in press).

14. Tumoren des kardiovaskulären Systems und der großen Gefäße

14.1 Tumoren des Herzens

W. Feigl, R. Kleinert, R. Ullrich und *C. Wüstinger*

I. Mesenchymal (siehe auch Tumoren der Weichgewebe)

A. Benign
   1. Myxom   M 88400
   2. Rhabdomyom*   M 89000
   3. Haemangiom   M 91200
   4. Lymphangiom   M 91700
   5. Lipom   M 88500
   6. Fibrom   M 88100
   7. Papilläres Fibroelastom (papillary endothelial tumor)   M 52300
   8. Andere

B. Malign
   1. Haemangiosarkom   M 91203
   2. Kaposisarkom   M 91400
   3. Rhabdomyosarkom   M 89003
   4. Leiomyosarkom   M 88903
   5. Fibrosarkom   M 88103
   6. Fibröses Histiozytom   M 88303
   7. Malignes Mesenchymom   M 89903
   8. Anitschkow-Zellsarkom
   9. Andere

II. Mesothelial (siehe auch Tumoren der serösen Häute)

A. Benign
   1. Mesotheliom des Atrioventrikularknotens*   M 90500

B. Malign

III. Tumoren der peripheren Nerven (siehe dort)

IV. Tumoren des blutbildenden und lymphatischen Gewebes (siehe dort)

V. Verschiedene

1. Reifes Teratom	M 90800
2. Intrapericardiales Thymom*	
3. Embryonales Karzinom	M 90703

VI. Metastatisch   M ___6

VII. Unklassifiziert   M 8000_

VIII. Tumorartig

A. Zysten   M 33400
    1. Enterogene   M 26600
    2. Bronchogene   M 26680
    3. Parasitäre
    4. Mesotheliale Perikardzyste
    5. Andere
B. Heterotopien   M 26000
    1. Thymus
    2. Schilddrüse
    3. Milz
    4. Andere
C. Lipomatöse Hypertrophie des Vorhofseptums
D. Hamartome   M 93510
E. Andere

Topographie – Codierung

snomed	*Lokalisation*
T 30000	Kardiovasculäres System
T 31000	Perikard
T 33010	Myokard
T 32000	Herz
T 32400	Ventrikel
T 32120	Vorhofseptum
T 32410	Septum interventriculare
T 34000	Endokard
T 35000	Herzklappen
T 40000	Blutgefäße

Erläuterungen

I.A.2. Das Rhabdomyom ist der häufigste Herztumor des Kindesalters. Polytope Tumoren sind die Regel, eine diffuse Rhabdomyomatose kommt vor.
II.A.1. Das Mesotheliom des Atrioventrikularknotens entspricht im Feinbau dem adenomatoiden Tumor (Mesotheliom des Genitaltraktes). Der kleine Tumor wird in der Regel zufällig bei Untersuchungen des Atrioventrikularknotens entdeckt.
V.B. Das seltene intrapericardiale Thymom zeigt gewöhnlich ein gutartiges biologisches Verhalten.

Literatur

1. Fekete, P. S., Nassar, V. H., Talley, J. D., Boedecker, E. A.: Cardiac papilloma. A case report with evidence of thrombotic origin. Arch. Pathol. Lab. Med. *107*, 246–248 (1983).
2. Fine, G.: Primary tumors of the heart and pericardium. In: Progress in surgical pathology, vol. 3, pp. 37–63. New York: Masson. 1981.
3. McAllister, H. A., jr., Fenoglio, J. J., jr.: Tumors of the cardiovascular system. In: Atlas of tumor pathology, 2nd ser., Fasc. 15. Washington, D.C.: Armed Forces Institute of Pathology. 1978.
4. Saad, M. F., Frazier, O. H., Hickey, R. C., Samaan, N. A.: Intrapericardial pheochromocytoma. Am. J. Med. *75*, 371–376 (1983).
5. Malcolm, D.: Silver. Cardiovascular Pathology. Vol. 2. Tumors of the Heart and Pericardium. New York: Churchill Livingstone. 1983.
6. Travers, H.: Congenital polycystic tumor of the arterioventricular node. Possible familial occurrence and critical review of reported cases with special emphasis on histogenesis. Hum. Pathol. *13*, 25–35 (1982).
7. Virmani – Atkinson – Fenoglio. Major Problems in pathology. Cardiovascular Pathology 1991.
8. Zimmerman, K. G., Paplanus, S. H., Dong, S., Nagle, R. B.: Congenital blood cysts of the heart valves. Hum. Pathol. *14*, 699–703 (1983).

14.2 Tumoren der großen Gefäße

I. Venen

A. Benign
1. Leiomyom   M 88950
2. Andere

B. Intermediär
1. Intravenöse Leiomyomatose   M 88901

C. Malign
1. Leiomyosarkom   M 88903
2. Andere

II. Arterien

A. Malign
1. Leiomyosarkom   M 88903
2. Maligne Tumoren des fibrösen und fibrohistozytären Gewebes (siehe Tumoren der Weichgewebe)
3. Intimasarkom*
4. Andere

B. Tumorartig
1. Zystische Adventitiadegeneration

Erläuterungen

II.A.3. „Intimasarkom" wird synonym, für den Begriff „Endotheliom" verwendet.
II.B.1. Die Ätiologie der zystischen Adventitiadegeneration der Arteria poplitea wird diskutiert. Eine Verlagerung muzinsezernierender Zellen erscheint wahrscheinlich (3).

Literatur

1. Leu, H. J.: Gefäßtumoren VI: Tumoren großer Gefäße. VASA *11*, 144–146 (1982).
2. McAllister, H. A., jr., Fenoglio, J. J., jr.: Tumors of the cardiovascular system. In: Atlas of tumor pathology, 2nd ser., Fasc. 15. Washington, D.C.: Armed Forces Institute of Pathology. 1978.
3. Leu, H. J., Largiader, J.: Sogenannte zystische Adventitiadegeneration der Arteria poplitea mit Stielverbindung zum Kniegelenk. VASA *13*, 267–271 (1984).

15. Tumoren der serösen Häute

H. H. Popper und *St. Wuketich*

I. Mesothelial *

A. Benign
1. Adenomatoidtumor*   M 90540
2. Papilläres Mesotheliom*   M 90520
3. Pleurafibrom (Lokalisiertes fibröses Mesotheliom)*   M 90510
4. Biphasisches Mesotheliom   M 90530

B. Intermediär
1. Zystisches Mesotheliom*

C. Malign
1. Malignes diffuses Mesotheliom*   M 90503
   a. Epithelial   M 90523
     i. Papillär
     ii. Tubulo-papillär
     iii. Plattenepithelähnlich
     iv. Siegelringzellig
     v. Spindelzellig
     vi. Anaplastisch
   b. Sarkomatös (diffus oder lokalisiert)   M 90513
     i. Myxoid
     ii. Angiomatös
     iii. Fibromatös
     iv. Desmoplastisch*
     v. Lymphoid
   c. Biphasisch*   M 90533
2. Andere
   a. Papilläres Karzinom des Peritoneums*
   b. Plattenepithelkarzinom (der Pleura)*   M 80703

II. Verschiedene

A. Benign
1. Disseminierte Leiomyomatose (des Peritoneums)*   M 15820
2. Andere

B. Malign

III. Metastatisch   M ___6

IV. Unklassifiziert   M 8000_

V. Tumorartig

    1. Mesotheliale Hyperplasie   M 72000
    2. Mesotheliale Zysten   M 33680
    3. Noduläre Fibrohyalinose*
    4. Pleurom *
    5. Endometriose und Endosalpingiose   M 76500
    6. Andere

Topographie – Codierung

snomed	*Lokalisation*
T 1X120	Tunica serosa
T 1X130	Mesothel
T 29000	Pleura
T 29030	viscerale Pleura
T 29040	parietale Pleura
T 31000	Pericard

Pleuramesotheliom	
T1	Ipsilaterale Pleura
T2	Ipsilaterale Lunge/endothorakale Fascie/ Zwerchfell/Perikard
T3	Ipsilaterale Brustwandmuskulatur/Rippen/ mediastinale Organe oder Gewebe
T4	Direkte Ausbreitung auf kontralaterale Pleura/ Lunge/Peritoneum/intraobdominale Organe/ Halsgewebe
N1	Ipsilateral bronchial/hilär
N2	Ipsilateral mediastinal
N3	Kontralateral mediastinal/oder supraklavikulär

Erläuterungen

I. Immunhistochemie am Paraffinschnitt: in den epithelialen Anteilen Zytokeratin immer, Vimentin oft positiv. EMA und HMFG sind bei den meisten Mesotheliomen und Karzinomen positiv, nicht aber in reaktiven Mesothelproliferationen. Mesotheliome sind CEA, LeuM1 und B72.3 negativ. Gefrierschnitt: Eine positive ATP-ase Reaktion (Ca-aktivierte Form) kann die Mesotheliomdiagnose unterstützen, ebenso die Differenzierung der verschiedenen Muzinformen (negativ auf epitheliales Muzin).

I.A.1. Siehe Tumoren des männlichen und weiblichen Genitaltraktes.

I.A.2. Es kommt im Peritoneum und der Tunika vaginalis testis, ganz selten in der Pleura und Epicard vor (siehe Tumoren des Hodens).

I.A.3. Das benigne lokalisierte fibröse Mesotheliom entspricht einem Fibrom der Serosa.

B.1. Wegen der mehr als 50% Rezidivhäufigkeit wird dieser Tumor als „Borderline"-Variante eingestuft.

I.C.1. Besondere Differenzierungen der epithelialen und mesenchymalen Komponente sollten zusätzlich angegeben werden.

I.C.1.b.iv. Kommt vorwiegend in der Pleura, sehr selten im Peritoneum vor. Die meisten sind rein sarkomatös, ein kleinerer Teil ist biphasisch, rein epitheliale Typen sind äußerst selten .

I.C.1.c. Der Malignitätsgrad wird hauptsächlich von der epithelialen Komponente bestimmt.

I.C.2.a. Als papilläres Karzinom des Peritoneums werden bisher nur bei Frauen beobachtete Mesotheltumoren bezeichnet, die im Bau völlig serösen papillären Ovarialkarzinomen entsprechen. Die Ovarien müssen tumorfrei sein. Das papilläre Karzinom des Peritoneums wird vom extraovariellen Mesothel mit Müllerschem Potential abgeleitet.

I.C.2.b. Primäre Plattenepithelkarzinome der Pleura sind sehr selten, sie entstehen auf dem Boden pleuraler Plattenepithelmetaplasien in Pneumonektomie- oder Lobektomiehöhlen (wegen einer nicht neoplastischen Läsion) oder in Höhlen nach extrapleuraler Pneumolyse.

II.A.1. Die disseminierte Leiomyomatose des Peritoneums ist mit uteriner Leiomyomatose assoziiert.

V.3. Noduläre Fibrohyalinose: hierher gehört auch der runde Pleuraplaque, der oftmals eine Assoziation zu einer Asbestexposition aufweist.

V.4. Pseudotumoröse, entzündlich reaktive Pleuraveränderung mit Fibrose und kleinen abgesackten Ergüssen.

Literatur

1. Bartok, I.: Papillomatosis peritonei: Eine seltene gutartige Geschwulst des Peritoneums. Zentralbl. Allg. Pathol. Pathol. Anat. *104*, 66–68 (1963).

2. Bürrig, K.-F., Kastiendieck, H., Hüsselmann, H.: Lokalisierter fibröser Pleuratumor (benignes Mesotheliom). Klinisch-pathologische Untersuchungen an 24 Fällen zur Klassifikation, Morphogenese und Prognose. Pathologe *4*, 120–129 (1983).

3. Cantin, R., Al-Jabi, M., McCaughey, W.T.E.: Desmoplastic diffuse mesothelioma. Am. J. Surg. Pathol. *6*, 215–222 (1982).

4. Dalton, W. T., Zolliker, A. S., McCaughey, W. T. E., Jacques, J., Kannerstein, M.: Localized primary tumors of the pleura. An analysis of 40 cases. Cancer *44*, 1465–1475 (1979).

5. Enzinger, F. M., Weiss, S. W.: Soft tissue tumors. Mesothelioma, pp. 550–579. St. Louis, Toronto, London: Mosby. 1983.

6. Foyle, A., Al-Jabi, M., McCaughey, W. T. E.: Papillary peritoneal tumors in women. Am. J. Surg. Pathol. *5*, 241–249 (1981).

7. Kannerstein, M., Churg, J.: Desmoplastic diffuse malignant mesothelioma. In: Progress in surgical pathology, vol. 2, pp. 19–29. New York: Masson. 1980.

8. Katsube, Y., Mukai, K., Silverberg, S. G.: Cystic mesothelioma of the peritoneum. A report of five cases and review of the literature. Cancer *50,* 1615–1622 (1982).

9. Nogales, F. F., jr., Matilla, A., Carrascal, E: Leiomyomatosis peritonealis disseminata. An ultrastructural study. Am. J. Clin. Pathol. *69,* 452–457 (1978).

10. Rosai, J., Dehner, L. P.: Nodular mesothelial hyperplasia in hernial Sacs. A benign reactive condition simulating a neoplastic process. Cancer *35,* 165–175 (1975).

11. Sinner, W. N.: Pleuroma – a cancer mimicking atelectatic pseudotumor of the lung. Fortschr. Röntgenstr. *122,* 578–585 (1980).

12. Willen, R., Bruce, T., Dahlström, G., Dubiel, W. T.: Squamous epithelial cancer in metaplastic pleura following extra-pleural pneumothorax for pulmonary tuberculosis. Virchows Arch. [A] Pathol. Anat. *370,* 225–231 (1976).

13. McCaughey, W. T. E., Kannerstein, M., Churg, J.: Tumors and pseudotumors of the serous membranes. AFIP 1985, SSN 0160-6344.

14. Popper, H. H.: Immunohistochemical and histochemical markers in lung carcinomas and mesotheliomas. In: Peters, G. A., Peters, B. J. (eds.) Sourcebook on Asbestos Diseases, vol. 4, pp. 117–151. New York, London: Garland Law Publ. ISBN 0-8240-7175-1. 1989.

Autorenverzeichnis

Asboth, F., OA Dr., Pathologisch-bakteriologisches Institut im Donauspital am Sozial-medizinischen Zentrum Ost, Langobardenstraße 122, A-1220 Wien.

Beham, A., Doz. Dr., Institut für Pathologische Anatomie der Univ. Graz, Auenbrugger-platz 25, A-8036 Graz.

Beer, F., OA Dr., Pathologisch-bakteriologisches Institut im Donauspital am Sozialme-dizinischen Zentrum Ost, Langobardenstraße 122, A-1220 Wien.

Böhm, G., Dr., Institut für Klinische Pathologie der Universität Wien, Währinger Gürtel 18–20, A-1090 Wien.

Breitenecker, G., Prof. Dr., Institut für Klinische Pathologie der Universität Wien, Abteilung für Gynäkopathologie, Währinger Gürtel 18–20, A-1090 Wien.

Budka, H., Prof. Dr., Klinisches Institut für Neurologie der Universität Wien, Währinger Gürtel 18–20, A-1090 Wien.

Chott, A., Doz. Dr., Institut für Klinische Pathologie der Universität Wien, Währinger Gürtel 18–20, A-1090 Wien.

Denk, H., Prof. Dr., Institut für Pathologische Anatomie der Universität Graz, Auenbrug-gerplatz 25, A-8036 Graz.

Dietze, O., Prim. Doz. Dr., Pathologie der A. ö. Landeskrankenanstalten, Müllner Hauptstraße 48, A-5020 Salzburg.

Dinges, H. P., Prim. Doz. Dr., Pathologisches Institut des A.ö. Landeskrankenhauses Klagenfurt, St. Veiter Straße 47, A-9026 Klagenfurt.

Drlicek, M., OA Dr., Pathologisch-bakteriologisches Institut des Psychiatrischen Kran-kenhauses der Stadt Wien, Baumgartner Höhe 1, A-1145 Wien.

Faschinger, Ch., Doz. Dr., Universitäts-Augenklinik der Universität Graz, Auenbrugger-platz 4, A-8036 Graz.

Feichtinger, H., Dr., Institut für Pathologische Anatomie der Universität Innsbruck, Müllerstraße 44/I, A-6020 Innsbruck.

Feigl, W., Prof. Dr., Laudongasse 31/15, A-1080 Wien.

Fellinger-Augustin, I., OA Dr., Pathologisch-bakteriologisches Institut im Donauspital am Sozialmedizinischen Zentrum Ost, Langobardenstraße 122, A-1220 Wien.

Hanak, H., Prim. Dr., Pathologisches Institut, Hanusch-Krankenhaus, Heinrich-Collin-Straße 30, A-1140 Wien.

Höfler, H., Prof. Dr., Institut für Allgemeine Pathologie und Pathologische Anatomie der technischen Universität München, Klinikum rechts der Isar, Ismaningerstraße 22, D-81675 München.

Hönigsmann, H., Prof. Dr., Universitätsklinik für Dermatologie der Universität Wien, Währinger Gürtel 18–20, A-1090 Wien.

Hofstädter, F., Prof. Dr., Institut für Pathologie, Universitätsstraße 31, D-93053 Regens-burg.

Holzner, J. H., Prof. Dr., Institut für Histologie, Rudolfinerhaus, Billrothstraße 78, A-1190 Wien.

Kain, R., Dr., Institut für Klinische Pathologie der Universität Wien, Währinger Gürtel 18–20, A-1090 Wien.

Kerl, H., Prof. Dr., Universitätsklinik für Dermatologie und Venerologie mit Ambulanz der Universität Graz, Auenbruggerplatz 8, A-8036 Graz.

Kleinert, R., Doz. Dr., Institut für Pathologische Anatomie der Universität Graz, Auenbruggerplatz 25, A-8036 Graz.

Klimpfinger, M., Doz. Dr., Institut für Pathologische Anatomie der Universität Graz, Auenbruggerplatz 25, A-8036 Graz.

Lax, S., Dr., Institut für Pathologische Anatomie der Universität Graz, Auenbruggerplatz 25, A-8036 Graz.

Leibl, W., Dr., Burggasse 52-54, A-1070 Wien.

Mikuz, G., Prof. Dr., Institut für Pathologische Anatomie der Universität Innsbruck, Müllerstraße 44, A-6020 Innsbruck.

Neuhold, N., Prim. Dr., Pathologisch-bakteriologisches Institut des Kaiserin-Elisabeth-Spitales der Stadt Wien, Huglgasse 1–3, A-1152 Wien.

Öhlinger, W., Prim. Dr., Pathologisches Institut des A. ö. Krankenhauses Krems an der Donau, Mitterweg 10, A-3500 Krems a. d. Donau.

Popper, H. H., Doz. Dr., Institut für Pathologische Anatomie der Universität Graz, Auenbruggerplatz 25, A-8036 Graz.

Radaszkiewicz, Th., Prof. Dr., Institut für Klinische Pathologie der Universität Wien, Währinger Gürtel 18–20, A-1090 Wien.

Ratschek, M., OA Dr., Institut für Pathologische Anatomie der Universität Graz, Auenbruggerplatz 25, A-8036 Graz.

Reiner, A., Prof. Doz. Dr., Pathologisch-bakteriologisches Institut im Donauspital am Sozialmedizinischen Zentrum Ost, Langobardenstraße 122, A-1220 Wien.

Salzer-Kuntschik, M., Prof. Dr., Institut für Klinische Pathologie der Universität Wien, Währinger Gürtel 18–20, A-1090 Wien.

Schmalzer, E., Dr., Gentzgasse 50/7, A-1180 Wien.

Schmid, Ch., Dr., Institut für Pathologische Anatomie der Universität Graz, Auenbruggerplatz 25, A-8036 Graz.

Schmid, K. W., Prof. Dr., Gerhard Domagk Institut für Pathologie der Universität Münster, Domagkstraße 17, D-48149 Münster.

Susani, M., OA Dr., Institut für Klinische Pathologie der Universität Wien, Währinger Gürtel 18-20, A-1090 Wien.

Syre, G., Prim. Doz. Dr., Pathologisches Institut , A. ö. Krankenhaus der Stadt Linz, Krankenhausstraße 9, A-4020 Linz.

Ullrich, R., Dr., Institut für Klinische Pathologie der Universität Wien, Währinger Gürtel 18–20, A-1090 Wien.

Ulrich, W., Doz. Dr., Institut für Klinische Pathologie der Universität Wien, Währinger Gürtel 18–20, A-1090 Wien.

Weger, R. A., Doz. Dr., Department of Pathology, Clinical Pathology Unit, Karolinska Hospital, Radiumhaemet, S-10401 Stockholm.

Wüstinger, Ch., OA Dr., Pathologisch-bakteriologisches Institut im Donauspital am Sozialmedizinischen Zentrum Ost, Langobardenstraße 122, A-1220 Wien.

Wuketich, St., Doz. Dr., Schwarzspanierstraße 16, A-1090 Wien.

Arbeitsgemeinschaft für gynäkologische Onkologie
der Österreichischen Gesellschaft für Gynäkologie
und Geburtshilfe (Hrsg.)

Manual der gynäkologischen Onkologie

1993. 1 Abbildung. XI, 141 Seiten.
Broschiert DM 39,–, öS 275,–
ISBN 3-211-82460-X

Die stürmische Entwicklung in der Onkologie macht es erforderlich, den neuesten Stand des Wissens auch denjenigen mitzuteilen, die sich nicht täglich mit dieser Problematik auseinanderzusetzen haben und daher auf die Vermittlung von Informationen angewiesen sind. Die Österreichische Arbeitsgemeinschaft für Gynäkologische Onkologie hat es sich daher zur Aufgabe gemacht, mit der Herausgabe dieses Manuals dem Informationsbedarf des niedergelassenen Gynäkologen, aber auch des Allgemeinarztes entgegenzukommen und den aktuellen Wissensstand in komprimierter Form zu vermitteln.

Die Beiträge sind in enger Zusammenarbeit der führenden Zentren entstanden und geben daher nicht die Ansichten einzelner wieder, sondern beruhen auf einem breiten Einverständnis. Jedes Kapitel bietet eine Übersicht über die aktuellen Fragen der Diagnostik, der Behandlung und der Prognose beim einzelnen Organkrebs. Mit Absicht wurde auf ausführliche Literaturzitate verzichtet, jedoch werden die wichtigen Resultate des Schrifttums berücksichtigt. Der Leser findet eine knappe Zusammenfassung des modernsten Wissensstandes auf dem Gebiet der gynäkologischen Onkologie vor.

Preisänderungen vorbehalten

Springer-Verlag Wien New York

Sachsenplatz 4–6, P.O.Box 89, A-1201 Wien · 175 Fifth Avenue, New York, NY 10010, USA
Heidelberger Platz 3, D-14197 Berlin · 3-13, Hongo 3-chome, Bunkyo-ku, Tokyo 113, Japan

P. Steindorfer (Hrsg.)

im Namen der Arbeitsgemeinschaft für chirurgische Onkologie
(ACO) der Österreichischen Gesellschaft für Chirurgie

Manual der chirurgischen Krebstherapie

1990. 4 Abbildungen. IX, 214 Seiten.
Broschiert DM 39,–, öS 275,–
ISBN 3-211-82202-X

In diesem Manual wird der letzte Wissensstand der chirurgischen und
interdisziplinären Krebstherapie in kurzer Form dargestellt. Es dient dem
niedergelassenen und dem in Ausbildung stehenden Arzt als onkologischer
Leitfaden.

Inhaltsverzeichnis: Die Häufiggeit der Krebserkrankungen in Österreich •
Kopf-Hals-Malignome: Karzinome der Lippen und Mundhöhle. Malignome
der Speicheldrüsen, des Oropharynx, der inneren Nase und Nasenneben-
höhlen, des Nasopharynx, des Larynx und Hypopharynx (inkl. zervikaler
Oesophagus), der zervikalen Trachea, des para- und retropharyngealen
Raumes, des Ohrbereiches, der Gesichts- und Halshaut • Schilddrüsen-
karzinom • Mammakarzinom • Bronchuskarzinom • Oesophaguskarzi-
nom • Magenkarzinom • Kolorektales Karzinom • Analkarzinom • Leber-,
Gallen-, Pankreaskarzinom: Primäre Leberkarzinome und Lebermeta-
stasen. Gallenblasen- und Gallengangskarzinom. Pankreaskarzinom und
periampulläres Karzinom • Malignes Melanom der Haut • Weichteilsarkom • Tumoren im Kindesalter: Neuroplastom. Nephroblastom
(Wilms-Tumor). Weichteilsarkome im Kindesalter. Morbus Hodgkin
• Lymphogranulomatose. Non-Hodgkin-Lympthom (NHL). Maligne
Teratome im Kindesalter. Maligne Lebertumoren im Kindesalter • Chir-
urgisch-onkologische Dokumentation mit „CHIDOS".

Preisänderungen vorbehalten

Springer-Verlag Wien New York

Sachsenplatz 4–6, P.O.Box 89, A-1201 Wien · 175 Fifth Avenue, New York, NY 10010, USA
Heidelberger Platz 3, D-14197 Berlin · 3-13, Hongo 3-chome, Bunkyo-ku, Tokyo 113, Japan